栖在东滩

鸟类生态
观察手册

上海市崇明东滩自然保护区管理事务中心 主编

中国环境出版集团·北京

图书在版编目（CIP）数据

栖在东滩：鸟类生态观察手册 / 上海市崇明东滩自
然保护区管理事务中心主编 . -- 北京：中国环境出版集
团，2024.5

ISBN 978-7-5111-5865-9

Ⅰ . ①栖… Ⅱ . ①上… Ⅲ . ①鸟类—崇明区—图谱
Ⅳ . ① Q959.708-64

中国国家版本馆 CIP 数据核字（2024）第 096611 号

责任编辑　田　怡　杨旭岩
封面设计　庄　琦

出版发行　中国环境出版集团
　　　　　（100062　北京市东城区广渠门内大街 16 号）
　　　　　网　址：http://www.cesp.com.cn.
　　　　　电子邮箱：bjgl@cesp.com.cn.
　　　　　联系电话：010-67112765（编辑管理部）
　　　　　　　　　　010-67175507（第六分社）
　　　　　发行热线：010-67125803，010-67113405（传真）
印　刷　玖龙（天津）印刷有限公司
经　销　各地新华书店
版　次　2024 年 5 月第 1 版
印　次　2024 年 5 月第 1 次印刷
开　本　787×1092　1/32
印　张　9.25
字　数　150 千字
定　价　88.00 元

前　言
PREFACE

上海崇明东滩鸟类国家级自然保护区（以下简称"东滩保护区"）是以迁徙鸟类及其栖息地为主要保护对象的野生动物类型自然保护区，位于长江入海口，地处中国第三大岛崇明岛的最东端，由崇明东滩团结沙外滩、东旺沙外滩、北八滧外滩及其相邻的吴淞标高零米线外侧 3000 m 以内的河口水域四大部分组成，在海堤外呈半椭圆形分布。保护区区域面积 241.55 km²，约占上海市湿地总面积的 7.8%。

崇明东滩及其附近水域是具有全球意义的生态敏感区，也是东北亚鹤类迁徙路线、东亚雁鸭类迁徙路线、东亚—澳大利西亚鸻鹬类迁徙路线的重要组成部分。国内外专家研究表明，崇明东滩是迁徙水鸟补充能量的重要"驿站"和恶劣气候下的良好庇护所，同时也是部分水鸟的重要越冬地。目前，崇明东滩已记录到的鸟类有 364 种，其中国家一级重点保护鸟类 20 种、国家二级重点保护鸟类 62 种。据调查统计，每年在崇明东滩湿地栖息或过境的候鸟有近百万只次。

本书共收集东滩保护区常见鸟类 17 目 45 科 129 种，采用手绘鸟图结合文字说明的方式，可作为观鸟爱好者、摄影爱好者、中小学生等群体直观认识和了解保护区鸟类的工具书，同时也可以为保护区同事日常巡护及管理工作提供参考便利。

本书得到联合国开发计划署—全球环境基金"东亚—澳大利西亚迁飞路线中国候鸟保护网络建设项目（简称'UNDP—GEF 迁飞保护网络项目'）"部分资金支持，UNDP—GEF 迁飞保护网络项目是全球环境基金第七增资期内在中国生物多样性领域实施的赠款金额最大的独立项目。项目聚焦东亚—澳大利西亚候鸟迁飞通道关键水鸟及栖息地保护，通过资金和技术支持，打造多方参与的候鸟迁飞通道保护网络。在此对本书编撰过程中提供帮助的同事和专家表示感谢！

目 录
CATALOGUE

上海崇明东滩鸟类国家级自然保护区常见鸟类名录

一、鸡形目

（一）雉科

二、雁形目

（二）鸭科

七、潜鸟目

八、鹳形目

九、鹈形目

十、鲣鸟目

十一、鸻形目

标示符号说明

♂ 雄鸟　　♀ 雌鸟

`ad./adult` 成鸟。指具繁殖能力之鸟。

`juv./juvenile` 幼鸟。指羽翼已丰可飞行之鸟，其绒羽刚换成正羽。

`nonbr./nonbreeding` 非繁殖期羽色。　`br./breeding` 繁殖期羽色。

《中华人民共和国野生动物保护法》第九条将国家重点保护野生动物划分为国家一级保护动物和国家二级保护动物两种。

[第一部分]

———————

东滩
——充满爱和希望的地方

第一部分
东滩——充满爱和希望的地方

上海崇明东滩鸟类国家级自然保护区属于江海交汇处的河口湿地生态系统，拥有优质的生态资源，非常适合作为迁徙鸟类的栖息地。近年来，保护区内吸引了上百种鸟类在这里安家，成为我国重要的鸟类研究基地。

东滩的主要鸟类"居民"是湿地水鸟，它们依赖湿地的资源而生存，主要包括游禽和涉禽两大类。游禽是擅长在水上游泳的禽类，它们的趾间有蹼，腿靠近身体后侧，适应水上生活。它们的油脂腺非常发达，能分泌大量油脂。这些油脂可是它们在游泳时保持身体干燥的秘密武器。在东滩的水边，特别是有灌木丛的地方，可以找到它们的踪迹。涉禽是最高傲的鸟类，它们拥有令很多人羡慕的"大长腿"，还有长长的颈部、长长的喙，这三"长"成为了它们的标志，更是它们适应湿地滩涂生活的秘诀。腿长便于它们在泥滩中行走，颈长和喙长有助于它们灵活探寻水下和泥滩中的食物。

鸟类在选择栖息地时会有些差异，有的鸟类留恋东滩的资源，耐受这里的四季变化，是东滩生态系统中的留鸟；有的鸟类则相反，随着一年四季的天气变化选择"搬家"到适合的环境中，这样的鸟类被称为候鸟。在东滩，你会发现有些鸟儿选择来这里过夏天，这就是夏候鸟，有些鸟儿则选择冬天来这里，也就是冬候鸟。还有部分鸟儿会选择向更远的地方迁徙，东滩仅是它们迁徙路上的"中途客栈"，这样的鸟儿属于旅行家，被称为旅鸟。当然也存在鸟类中的"不幸者"，它们因为气候、人为干扰等原因，迷失了方向，最终意外来到东滩，被称为迷鸟。东滩善待每一只来到这里的鸟儿，不管是途经东滩或是在东滩安家的鸟儿。它们会在这里寻觅到爱的另一半，共同孕育后代，成鸟会分工合作，让卵孵育成幼鸟，再成长为亚成鸟（性成熟两年以上），最后长成成鸟。无数的爱在这里延续，孕育了鸟儿更多的未来和希望。

>> 陈婷媛 摄

[第二部分]

欢迎你来东滩观鸟

第二部分
欢迎你来东滩观鸟

东滩的鸟类形态多样、羽色丰富、鸣声优美，它们还有很多独特的有趣行为。在你观赏东滩自然之美的同时，可以仔细观察一下这里的鸟儿，你能发现东滩有许多不同种类的"鸟类居民"，有些是长期留在这里的"常驻民"，有些是随着季节变化来串门的"游客"，有些是路过的"旅行家"，有些是走错路的"迷失者"。

在观察的时候有很多策略，给你一些提示：

按照"由周围到本身"的顺序，可以更好地认识鸟类。先关注周围的生态环境、鸟类栖息的位置，再仔细观察鸟类的特征，这样能使我们对鸟类有更全面的认识。想要观察鸟类，你还需要保持安全的距离，保持相对的安静，因为它们都是很"胆小"的，一不小心就会吓跑它们，甚至导致它们不敢再来东滩了。因此，观察时需要一些辅助工具：

>> 袁晓　摄

1. 望远镜

自然环境中的鸟类一般与人之间存在安全距离。观察鸟类的望远镜主要有双筒望远镜和单筒望远镜，双筒望远镜放大倍数不宜过大，8～10倍为宜，便于实地随时观察。单筒望远镜放大倍数可以较大，用于观察距离较远的开阔区域。

2. 鸟类图鉴或手册

本书的第三部分能帮助你快速查找到所观察的鸟类，其中包含鸟类图片，鸟类生活环境、鸟类不同季节和不同年龄的形态以及鸟类在东滩的分布状况的文字描述。

3. 记录工具

听到鸟鸣、看到鸟后，我们也需要把它们的相关信息记录在笔记本上，记录对应观察的时间、观察的环境、鸟类当时的行为以及更加细节的特征，比如鸟类的性别。还可以根据观察进行思考，比如鸟类为什么在此时筑巢，鸟类捕食的食物都有哪些，鸟类为什么在此时出现等。观察结合思考，

>> 袁晓 摄

能帮助我们更好地认识鸟类。

4. 服装服饰

进入东滩生态系统，你也是其中的一员，尽量要融入这里，而不是打破它们的秩序，因此着装不要太鲜艳，不要佩戴明晃晃的首饰，不要涂抹任何有特殊刺激性气味的物质，当然也要做好防护，尽量穿着长袖和长裤，避免受伤，同时也躲避蚊虫叮咬。如果是夏天到访，可以佩戴遮阳帽，涂抹防晒霜，准备必要的防雨工具。穿着合适的运动鞋，选择一个舒服的双肩背包，储备足量的饮用水和食物。

东滩的鸟类都是潜伏高手，需要调动我们的各种感觉器官并结合日常经验，寻找它们的踪迹。其中最重要的是听，可以分辨不同鸟的鸣声，它们或远或近，此起彼伏。夏秋季时，很多植物枝繁叶茂，鸟类穿行其间难以发现，因此要擦亮双眼，细心寻觅。本书在第三部分中，结合东滩生境、鸟类食性等给你寻找它们的一些提示，比如，有些鸟类会出现在特定的区域，水边的涉禽，水中的游禽，空中的猛禽，枝头的鸣禽，等等，此时可以拿起手中的望远镜，寻找这些可爱的小生命。

[第三部分]

东滩鸟类名片集

东滩鸟类涉及 17 目 45 科 129 种，
我们可以根据其外形特征、生活习性进行野外辨识。
本部分用鸟类名片的方式呈现，
并利用本书第四部分"鸟瞰东滩"中的地图进行快速检索。

鸟类身份证

中文名 环颈雉（zhì）

学　名 *Phasianus colchicus*　　鸡形**目** 雉**科**
保护级别 三有
居留类型 留鸟
出现时间 全年

bird card

东滩常见区域

在东滩保护区常见于灌丛和草地。

食性

喜食植物幼芽、嫩枝、嫩叶、果实，杂草种子，谷物，昆虫等小型无脊椎动物。

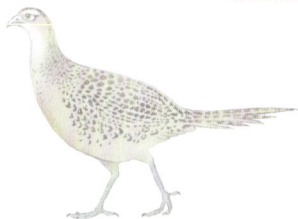

习性

繁殖期3—7月，飞行距离短，善奔跑。

雌鸟体形小而羽色暗淡，
大多为褐色和棕黄色，杂以黑斑

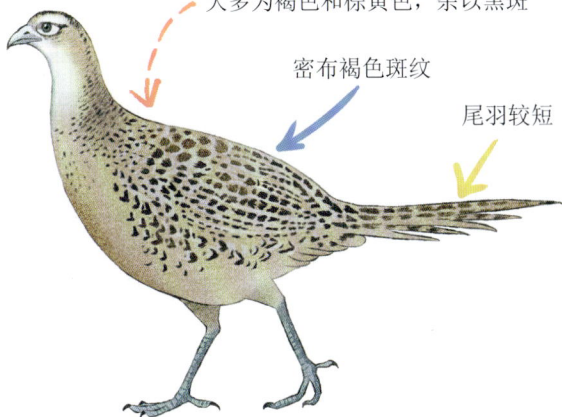

密布褐色斑纹

尾羽较短

♀

体长：50 ～ 63 cm

眼周鲜红色裸露皮肤，
头部闪黑绿金属光泽

白色颈环

雄鸟体型较大，羽
毛颜色艳丽具金属
光泽

♂

体长：60 ～ 89 cm

鸟类身份证

中文名 ān chūn
鹌鹑

- -

学　名　*Coturnix japonica*　　鸡形目 雉科
保护级别　三有
居留类型　冬候鸟
出现时间　十月至次年三月

bird card

东滩常见区域

在东滩保护区可见于生态修复区
浓密的灌草丛。

食性

喜食植物幼芽、嫩枝、嫩叶、果实，杂草种子，谷物，
昆虫等小型无脊椎动物。

习性

繁殖期成对出现，迁徙时成群，
奔跑迅速，主要晨昏出来活动。

雄鸟夏季羽毛以黑褐色为主，冬季羽毛以浅黄褐色为主

雌鸟冬季羽毛与雄鸟夏羽类似，夏羽与雄鸟冬羽相似

♂

♀

—— 体长：17～19 cm ——

鸟类身份证

中 文 名 小天鹅

学　　名 *Cygnus columbianus*　　雁形**目** 鸭**科**
保护级别 国家二级
居留类型 冬候鸟
出现时间 十月至次年三月

bird
card.

东滩常见区域

在东滩保护区常见于生态修复区水域和自然滩涂。

食性

主要以水生植物的叶、根、茎和种子等为食，
在东滩以海三棱藨草的地下球茎为食。

习性

喜集群或家族群活动，叫声高而清脆，
小群或家族群迁徙。

下喙黑色，
上喙基部黄色斑块
不超过鼻孔

通体洁白

juv.

颈细而长

脚黑色

ad.

体长：115～150 cm

鸟类身份证

中 文 名 灰雁

学   名 *Anser anser*

雁形**目** 鸭**科**

保护级别 三有

居留类型 冬候鸟

出现时间 十月至次年四月

bird card

东滩常见区域

在东滩保护区常见于生态修复区和草滩。

食性

在矮草地、农田或沿海地区取食植物。

习性

喜结群，警惕性强，善游泳；
成群迁徙，排列整齐，边飞边叫。

飞行时，翼前灰后黑对比明显

幼鸟喙粉红色，基部无白色条纹

juv.

整体灰褐色，头颈灰褐色，两肋具黑褐色斑纹

成鸟喙基部有白色细环

下腹至尾下覆羽白色，腹部具黑斑

脚粉红色

尾下覆羽为白色

ad. br.

—— 体长：76～89 cm ——

鸟类身份证

中文名 鸿雁

学　名 *Anser cygnoides*

保护级别 国家二级

居留类型 冬候鸟

出现时间 十月至次年三月

雁形目 鸭科

bird card

东滩常见区域

在东滩保护区常见于生态修复区和草滩。

食性

喜食植物性食物，如草本植物；少量动物性食物，如甲壳类和软体动物等。

习性

喜结群，警惕性强；成大群迁徙，排列整齐，雁鸣洪亮。

喙黑色，长而直，喙与额之间有白色条纹，雄性喙基部有一疣状突起

腹部白色，两肋具黑褐色斑纹

整体灰褐色，头顶至后颈为棕褐色

颊部至前颈白色，与后颈反差明显

脚橙黄色

—— 体长：80～94 cm——

鸟类身份证

中文名 豆雁

学　名 *Anser fabalis*

雁形目　鸭科

保护级别 三有

居留类型 冬候鸟

出现时间 十月至次年三月

bird card

东滩常见区域

在东滩保护区常见于生态修复区和草滩。

食性

植物性食物为主，以海三棱藨草的球茎、根茎、种子等为主要食物。

习性

集群活动，迁徙飞行时常排列成"人"字或"一"字，边飞边鸣叫。

喙上有大面积橙色，
喙长而直或稍弯

整体灰褐色，腹
部白色，两肋具
黑褐色斑纹，翼
深褐色且有白色
羽缘

脚橙黄色

体长：70～90 cm

鸟类身份证

中文名 普通秋沙鸭

学　名 *Mergus merganser*

保护级别 三有

居留类型 冬候鸟

出现时间 十一月至次年三月

雁形**目** 鸭**科**

bird
card

东滩常见区域

在东滩保护区常见于生态修复区水域。

食性

主要捕食小鱼，也捕食软体动物以及甲壳类、石蚕等水生无脊椎动物。

习性

常成小群，善潜水觅食，飞行快而直。

喙深红色，
端部具钩

雌性成鸟头及上颈栗
褐色

上下体体色差异明显

喉白色

♀

喙深红色，细长，
端部具钩

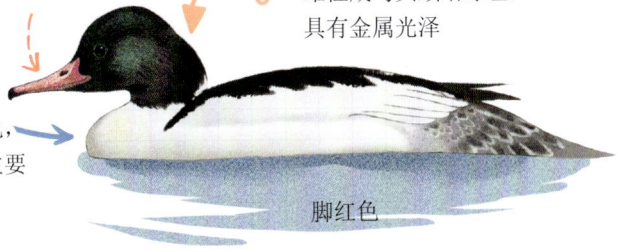

雄性成鸟头颈暗绿色，
具有金属光泽

雄性成鸟背黑色，
身体其余部位主要
为白色

脚红色

♂

—— 体长：54～68 cm ——

鸟类身份证

中文名 翘鼻麻鸭

学　名 *Tadorna tadorna*

雁形目 鸭科

保护级别 三有

居留类型 冬候鸟

出现时间 十一月至次年三月

bird card.

东滩常见区域

在东滩保护区常见于生态修复区水域和自然滩涂。

食性

杂食性。主要吃水生昆虫、软体动物、小鱼、陆栖昆虫等，也吃藻类以及植物叶片、嫩芽和种子等。在滩涂觅食，大堤池塘栖息。

习性

冬季常集群活动。

雌鸟喙与雄鸟相似但肉瘤不明显

雌性成鸟似雄性成鸟但毛色较暗淡，栗色胸带稍窄而色浅

雄鸟喙红色而略上翘，繁殖期喙基部突起肉瘤，头颈黑绿色，具有金属光泽

♀

躯干白色而有栗色胸带

脚肉红色

♂

—— 体长：55～65 cm ——

鸟类身份证

中文名 红头潜鸭

学　名 *Aythya ferina*

保护级别 三有

居留类型 冬候鸟

出现时间 十月至次年四月

雁形**目** 鸭**科**

**bird
card**

东滩常见区域

在东滩保护区常见于生态修复区水域。

食性

主要以水藻以及水生植物叶、茎、根和种子为食。

习性

喜集群，有时也和其他鸭类混群；善潜水捕食。

头、胸淡褐色，
脸上具白色斑驳纹路

背及两肋灰黑色，
尾部褐色

♀

雄性成鸟头颈栗红色

背、肋、腹银灰色并
具波状细纹

尾上及
尾下覆
羽黑色

喙两端黑色、
中央铅灰色

雄性成鸟胸黑色

♂

体长：41～50 cm

鸟类身份证

中文名 凤头潜鸭

- - - - - - - - - - - - - - - - - - - -

学　　名 *Aythya fuligula*　　　　**雁形目 鸭科**
保护级别 三有
居留类型 冬候鸟
出现时间 十月至次年三月

**bird
card**

东滩常见区域

在东滩保护区常见于生态修复区水域。

食性

食物主要为贝类、螺类、水生昆虫等，
有时也吃少量水生植物。

习性

喜集群，善游泳和潜水，飞行迅速。

头顶冠羽
比雄鸟短

雌性成鸟喙铅灰色，
末端褐色

雌性成鸟整体黑褐
色，两肋杂有白色

头颈黑褐色

♀

雄性成鸟头部黑色泛紫色金属
光泽，头部具冠羽

两肋及腹部
白色，背及
尾黑色

喙末端黑色

♂

—— 体长：40～47 cm ——

鸟类身份证

中文名 琵嘴鸭

学　名 *Spatula clypeata*

保护级别 三有

居留类型 冬候鸟

出现时间 十月至次年四月

雁形**目** 鸭**科**

**bird
card**

东滩常见区域

在东滩保护区常见于生态修复区水域和自然滩涂。

食性

喜食浮游生物、小型螺、昆虫、种子或植物碎屑。

习性

用铲形嘴喙左右扫动滤食。

喙棕褐色，宽大，末端呈铲状

雌性成鸟整体褐色，夹杂有黑色的箭头形斑纹

♀

雄性成鸟头颈呈绿色且具有金属光泽

喙黑色，宽大，末端呈铲状

雄性成鸟胸白色，腹部栗色

脚橙红色

♂

体长：44～52 cm

鸟类身份证

中文名 花脸鸭

- - - - - - - - - - - - - - - - - - -

学　名 *Sibirionetta formosa*　雁形**目** 鸭**科**

保护级别 国家二级

居留类型 冬候鸟

出现时间 十月至次年三月

bird card.

东滩常见区域

在东滩保护区常见于农田、生态修复区水域
和自然滩涂。

食性

主要以藻类、水草等各类水生植物的芽、嫩叶、果
实和种子为食。

习性

喜欢集群，特别是冬季常集成大群，
也常与绿翅鸭混群。

雄性成鸟头部由黑、黄、绿的月牙斑拼接

喙灰黑色

两肋灰色，背部披流苏状长羽，尾下为黑色 ♂

胸部染棕色密布斑点、两侧各具一道白竖纹

雌性成鸟喙基部后方具白斑

雌性成鸟整体褐色

喉部白色明显并延伸至脸侧

脚黄色或浅灰色

♀

体长：36～43 cm

鸟类身份证

中文名 罗纹鸭

- - - - - - - - - - - - - - - - - - - -

学　名 *Mareca falcata*

保护级别 三有

居留类型 冬候鸟

出现时间 十月至次年五月

雁形目 鸭科

**bird
card.**

东滩常见区域

在东滩保护区常见于生态修复区水域和自然滩涂。

食性

主要以水藻，水生植物嫩叶、种子，草籽，非水生植物草叶等植物性食物为食。

习性

喜欢集群，停栖于水面，常与其他鸭类混群。

三级飞羽披有长而弯
的黑白色羽毛

头顶栗色

鼻心有白点

雄性成鸟喙黑色

脸及颈侧具亮绿
色光泽，喉部白色
且具黑环

尾下覆羽两侧
具显眼黄斑

胸及两肋密布黑白相间的
波纹

♂

雌性成鸟整体褐色，有波
纹状斑，颈显短、头大

♀

—— 体长：46～54 cm ——

鸟类身份证

中 文 名 赤膀鸭

学　　名 *Mareca strepera*

保护级别 三有

居留类型 冬候鸟

出现时间 十月至次年三月

雁形目 鸭科

bird card.

东滩常见区域

在东滩保护区常见于生态修复区水域和自然滩涂。

食性

主要以水生植物为食，也常到岸上或农田地中觅食
青草、草籽、浆果和谷粒。

习性

喜集群，也喜欢与其他野鸭混群。
性胆小而机警，飞行极快。

雌性成鸟喙橙黄色，
上喙中间黑色

♀

雌性成鸟整体褐色，
覆羽栗色

雄性成鸟头淡褐色

雄性成鸟
喙黑色

尾上及尾下
覆羽黑色

♂

体长：45～57 cm

鸟类身份证

中文名 赤颈鸭

学　名 *Mareca penelope*

雁形目 鸭科

保护级别 三有
居留类型 冬候鸟
出现时间 十月至次年四月

bird
card.

东滩常见区域

在东滩保护区常见于生态修复区水域和自然滩涂。

食性

主要取食眼子菜、藻类和其他水生植物的根、茎、叶和果实等植物性食物。

习性

喜集群，也与其他鸭类混群；叫声尖锐。

脸及颈部棕红色

雄性成鸟头额
至顶黄色

雄性成鸟躯干整体银灰色
并杂有极细的黑纹

尾下覆羽黑色

♂

雌性成鸟头、胸、
两肋染棕色

喙蓝灰色

雌性成鸟整体褐色，
腹部白色

脚灰蓝色

♀

————体长：42～51 cm————

鸟类身份证

中 文 名 斑嘴鸭

学　　名 *Anas zonorhyncha*

雁形目 鸭科

保护级别 三有
居留类型 冬候鸟
出现时间 十月至次年三月

bird
card.

东滩常见区域

在东滩保护区常见于生态修复区水域和自然滩涂。

食性

以水生植物为食，在滩涂上觅食海三棱藨草的球茎、根茎、种子等食物。

习性

喜集群，也和其他鸭类混群。
善游泳、行走，但很少潜水，叫声响亮。

脚珊瑚红色

喙黑色而尖端具黄色斑，喙基部有一条细纹

脸及前颈白色，具黑色贯眼纹

♂

躯干整体黑褐色，并具鳞状纹

♀

体长：58～63 cm

鸟类身份证

中文名 绿头鸭

学　名 *Anas platyrhynchos*

雁形**目** 鸭**科**

保护级别 三有

居留类型 冬候鸟

出现时间 十月至次年三月

bird card

东滩常见区域

在东滩保护区常见于生态修复区水域和自然滩涂。

食性

杂食性，兼食植物种子、水生昆虫和软体动物等。

1—3月主要在草滩取食海三棱藨草的球茎和种子。

习性

喜集群，性好动，叫声响亮。

头部和颈部金属绿色

喙黄色

白色颈环下是栗色胸部

♂

下腹部灰白色，尾上及尾下覆羽黑色，中央尾羽卷曲上翘

雌性成鸟贯眼纹较明显，喙橙黄色而中央具黑色斑块

整体褐色，有棕黄或棕白色羽缘

♀

体长：50～65 cm

鸟类身份证

中文名 针尾鸭

学　名 *Anas acuta*

保护级别 三有

居留类型 冬候鸟

出现时间 十月至次年五月

雁形**目** 鸭**科**

bird card.

东滩常见区域

在东滩保护区常见于生态修复区水域和自然滩涂。

食性

主要以水生植物种子为食，也食水生昆虫、贝类、螺类。
1—3月主要在草滩取食海三棱藨草的球茎和种子。

习性

常集群活动，觅食时会头下尾上，将头伸入水中。

雌鸟喙铅灰色，上嘴峰黑色

♀

雌性成鸟整体褐色，尾羽细长

雄性成鸟头棕褐色，胸腹白色并延伸成细带至颈侧

尾黑色且中央尾羽极长而尖

♂

体长：50～65 cm

鸟类身份证

中文名 绿翅鸭

学　名 *Anas crecca*　　　　雁形**目** 鸭**科**

保护级别 三有

居留类型 冬候鸟

出现时间 九月至次年四月

bird card.

东滩常见区域

在东滩保护区常见于生态修复区水域和自然滩涂。

食性

以草籽、谷物为食，也食软体动物，1—3月主要取食海三棱藨草的球茎和种子。

习性

成对或成群活动，常与其他水禽混群；善于隐蔽飞行，振翅极快。

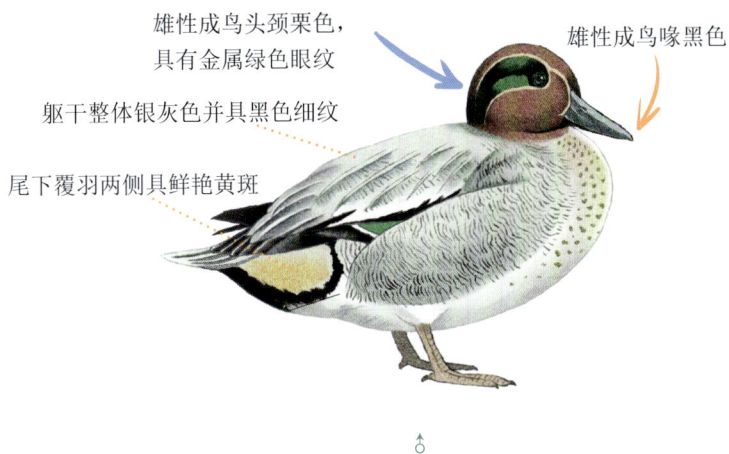

雌鸟喙上半部黑、下半部带黄色

翼镜绿色

雌性成鸟整体褐色

♀

雄性成鸟头颈栗色，具有金属绿色眼纹

雄性成鸟喙黑色

躯干整体银灰色并具黑色细纹

尾下覆羽两侧具鲜艳黄斑

♂

—— 体长：34～38 cm ——

鸟类身份证

pì tī
中文名 小䴙䴘

学　名 *Tachybaptus ruficollis*　　䴙䴘**目** 䴙䴘**科**
保护级别 三有
居留类型 留鸟
出现时间 全年

bird card

东滩常见区域

在东滩保护区常见于生态修复区水域。

食性

喜食鱼、虾、水生昆虫。

习性

通常单独或集分散小群活动，偶有集大群活动，繁殖期在水上追逐并发出叫声，每年4—8月在东滩生态修复区芦苇带水域营巢繁殖。

喙：黑色而末端白色，
基部具有黄色斑块

上体黑褐色

ad. br.

上体褐色

喉部白色

下体：淡褐色
体型：小型而短胖

nonbr.

体长：23 ～ 29 cm

鸟类身份证

中文名 凤头䴙䴘

学　名 *Podiceps cristatus*　　　　䴙䴘目 䴙䴘科

保护级别 三有

居留类型 留鸟 / 冬候鸟

出现时间 全年

bird card

东滩常见区域

在东滩保护区常见于生态修复区水域。

食性

喜食各种鱼类、昆虫以及甲壳类、软体类等水生无脊椎动物。

习性

成对或结小群活动，善于游泳和潜水，每年4—8月在东滩生态修复区浅水区域内营巢繁殖。

虹膜：近红色

头：顶黑褐色，具冠羽；脸侧具长的棕色领羽，羽端黑色（繁殖期）

喙：黄色，下喙基部偏红，上缘近黑

颈：修长，具明显深色饰羽

ad. br.

喙部粉红色

头顶有两撮黑色冠羽

上体为黑褐色

脸、前颈、胸腹白色

下体：近白
体型：较大

nonbr.

———— 体长：46～51 cm ————

鸟类身份证

中 文 名 珠颈斑鸠

学　　名 *Spilopelia chinensis* 　鸽形**目**　鸠鸽**科**
保护级别 三有
居留类型 留鸟
出现时间 全年

bird card

东滩常见区域

在东滩保护区常见于灌丛、草地和保护区周边农田。

食性

多以植物种子为食，特别是农作物种子，
如稻谷、玉米等。

习性

晨、昏出来活动，单独或成对活动。一夫
一妻，全年繁殖，一年繁殖 2～3 窝，每
窝产卵 2 枚。

颈部：黑色领斑
（有白色珠点）

头：灰色

喙：深褐色

飞羽：深褐色

上体：淡褐色

juv.

下体：土色

脚：红色

ad. br.

体长：27～30 cm

鸟类身份证

中文名 小鸦鹃

- - - - - - - - - - - - - - - - - - - -

学 名 *Centropus bengalensis* 鹃形**目** 杜鹃**科**
保护级别 国家二级
居留类型 夏候鸟
出现时间 五月至十月

bird
card

东滩常见区域

在东滩保护区可见于灌丛和草地。

食性

以昆虫和小型动物为食,
也吃少量植物果实与种子。

习性

栖息于灌木、沼泽及开阔的芦苇丛。喜单独或成
对活动。每年4—10月繁殖,每窝产卵 3～5 枚。

幼鸟上体褐色，
密布深色横斑

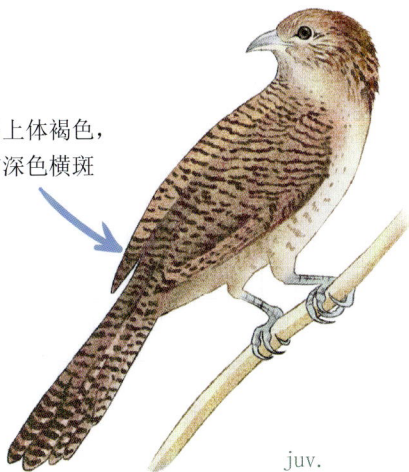

juv.

头、喙、颈部：黑色

上背及两翼：栗色

尾：具绿色金
属光泽和窄的
白色尖端

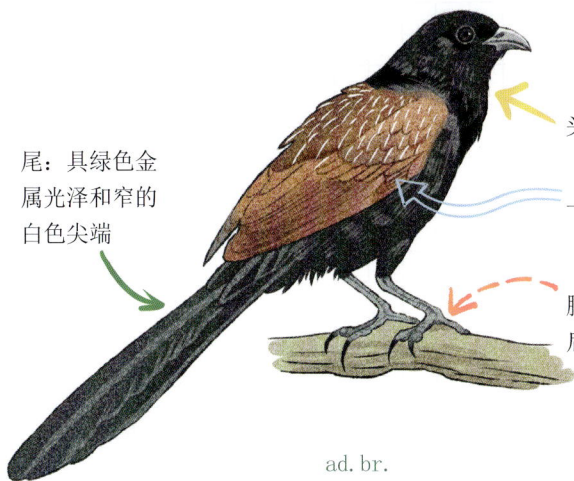

脚：黑色
后趾（第一趾）爪长直

ad. br.

体长：30～40 cm

鸟类身份证

中文名 大杜鹃

学　名 *Cuculus canorus*

保护级别 三有

居留类型 夏候鸟

出现时间 五月至九月

鹃形目 杜鹃科

bird card.

东滩常见区域

在东滩保护区常见于芦苇带。

食性

以松毛虫、舞毒蛾、松针枯叶蛾等鳞翅目幼虫和其他多种农林害虫为食，食量颇大。

习性

部分夏候鸟或旅鸟，4—5月迁来，5—7月繁殖，不营巢，9—10月迁走。叫声"布谷～布谷～"凄厉，洪亮。

背：灰色

上胸灰色

腹部：偏白色并具
黑色横斑

脚：棕黄色

尾羽：黑褐色

♂

—— 体长：32～34cm ——

鸟类身份证

中文名 黑水鸡

学　名 *Gallinula chloropus*　　鹤形**目** 秧鸡**科**
保护级别 三有
居留类型 留鸟
出现时间 全年

bird
card

东滩常见区域

在东滩保护区常见于生态修复区水域。

食性

喜食植物嫩叶、幼芽、根茎等。

习性

通常单独或成对活动，善游泳。

两侧尾
下覆羽白色

juv.

成鸟：雌雄两性成鸟外形相似，
雌鸟稍小，整体黑色

肋部有一条白纹

ad. br.
———— 体长：30～38 cm ————

鸟类身份证

中 文 名 白骨顶

学　　名 *Fulica atra*

保护级别 三有

居留类型 留鸟 / 冬候鸟

出现时间 全年

鹤形**目** 秧鸡**科**

bird
card.

东滩常见区域

在东滩保护区常见于生态修复区水域。

食性

喜食植物嫩叶、幼芽、果实、种子等。

习性

除繁殖期外，常群聚活动；擅游泳和潜水，
起飞前需水面助跑。

头顶黑褐色，
杂有白色细纹

头侧、颏、喉
及前颈灰白色

上体余部黑色，稍沾棕褐色

juv.

躯干灰黑色

脚灰绿色，
趾上具花瓣状蹼

ad. br.

—— 体长：36 ～ 39 cm ——

鸟类身份证

中 文 名 灰鹤

学　　名　*Grus grus*
保护级别　国家二级　　　　　　**鹤形**目　**鹤**科
居留类型　冬候鸟
出现时间　十月至次年三月

**bird
card**

东滩常见区域

在东滩保护区常见于草滩
和保护区周边农田。

食性

喜食植物种子、球茎以及昆虫等。

习性

繁殖期 4—6 月，繁殖期成对或成 5～10 只的家庭
小群活动，迁徙期可集群；性机警。

飞羽黑色，
飞行时黑色翼缘明显

juv.

头顶红色裸露皮肤

眼后宽白纹延伸至颈背

枕部、额至前颈黑色

成鸟：雌雄两性成鸟
外形相似

ad. br.

—— 体长：95 ～ 125 cm ——

鸟类身份证

中文名 白头鹤

- - - - - - - - - - - - - - - - -

学　名 *Grus monacha*　　　　**鹤形目 鹤科**
保护级别 国家一级
居留类型 冬候鸟
出现时间 十月至次年三月

**bird
card**

东滩常见区域

在东滩保护区常见于草滩和保护区周边农田。

食性

喜食海三棱藨草果实、种子以及农田作物种子等。

习性

成对或家族群活动，
边走边在泥地上挖掘觅食。

雌雄两性成鸟外形相似。
颈长，喙长，腿长，胫下部裸露；
翼圆短，尾短；额和两眼前方黑色，
其余身体部位多为石板灰色

喙黄绿色

脚浅黑色

头顶具有红色裸皮

头颈白色

躯干灰黑色，
并有褐色斑块

ad.

—— 体长：91～100 cm ——

juv.

鸟类身份证

中 文 名 红喉潜鸟

- -

学　　名 *Gavia stellata*
保护级别 三有
居留类型 旅鸟 / 冬候鸟
出现时间 十二月至次年四月

潜鸟**目** 潜鸟**科**

bird card

东滩常见区域

在东滩保护区偶见于生态修复区随塘河。
2011 年，保护区工作人员救助过一只。

食性

主要以鱼为食。

习性

喜活动于有一定深度的面积较大水域，
常单独活动，善于潜水觅食。

头、后颈至背部灰褐色

喙：细长
略上扬

nonbr.

头上、后颈至背部灰
褐色，背上密布白色
斑点

喉部具有
栗红色斑块

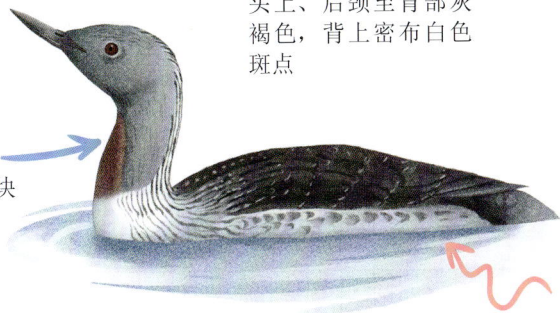

胸部至腹部白色

ad. br.

体长：53～69 cm

鸟类身份证

中文名 东方白鹳

学　名 *Ciconia boyciana*

鹳形**目** 鹳**科**

保护级别 国家一级

居留类型 冬候鸟

出现时间 十月至次年三月

bird card.

东滩常见区域

在东滩保护区全域可见。每年都有记录，2024 年为历史最高纪录，72 只。

食性

喜食鱼类。

习性

繁殖期成对活动。

飞行时黑色翼缘
非常明显

喙：厚直，黑色

脚红色

—— 体长：110～128 cm ——

鸟类身份证

中 文 名 白琵鹭

学　　名 *Platalea leucorodia*　　鹈形**目** 鹮**科**
保护级别 国家二级
居留类型 冬候鸟
出现时间 十月至次年四月

**bird
card**

东滩常见区域

在东滩保护区全域水域常见。

食性

喜食虾、蟹、蛙、软体类动物、水生昆虫。

习性

喜欢在水边浅水处活动，边走边将喙张开，伸入水中左右来回扫动，碰到猎物便可夹住捕食。

枕部具有黄色冠羽

喙长而扁平，末端扩大，似琵琶，喙黑色而端部黄色

浅黄色冠羽和胸带

脚：黑色

ad. br.

体羽雪白

juv.

—— 体长：80～95 cm ——

鸟类身份证

中 文 名 黑脸琵鹭

学　　名 *Platalea minor*

鹈形目 鹮科

保护级别 国家一级
居留类型 旅鸟
出现时间 四至五月、九至十月

bird card

东滩常见区域

在东滩保护区全域可见。

食性

喜食鱼、虾、昆虫、蛙类。

习性

喜欢在水边浅水处活动，边走边将喙张开，伸入水中左右来回扫动，碰到猎物便可夹住捕食。

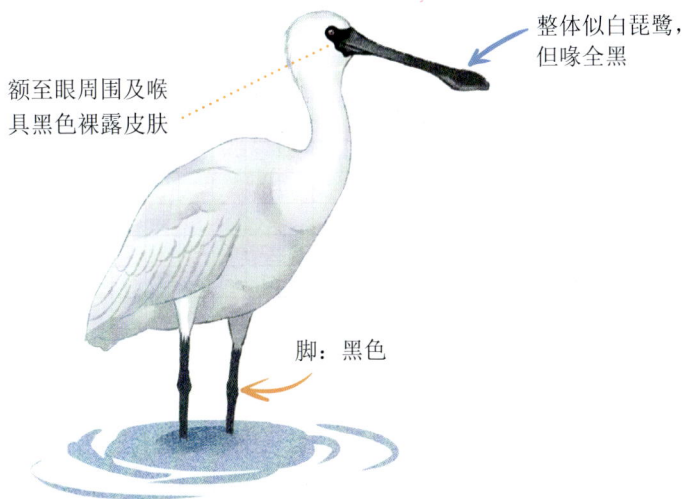

整体似白琵鹭，
但喙全黑

额至眼周围及喉
具黑色裸露皮肤

脚：黑色

nonbr.

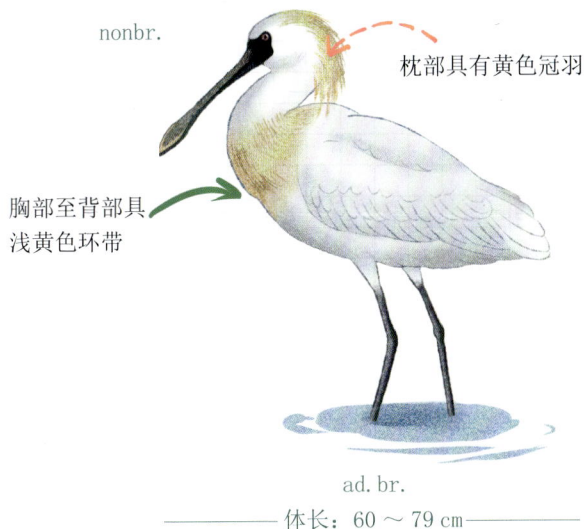

枕部具有黄色冠羽

胸部至背部具
浅黄色环带

ad. br.

—— 体长：60～79 cm ——

鸟类身份证

中文名 大麻鳽(yán)

学　名 *Botaurus stellaris*　　　鹈形目 鹭科

保护级别 三有

居留类型 旅鸟 / 冬候鸟

出现时间 全年

bird
card.

东滩常见区域

在东滩保护区常见于芦苇带，
四季可见，但数量不超过 10 只。

食性

喜食鱼、虾、蛙、蟹、螺、水生昆虫等。

习性

常单独活动，繁殖期、迁徙期群居。

头顶黑色，具黑色下颊纹

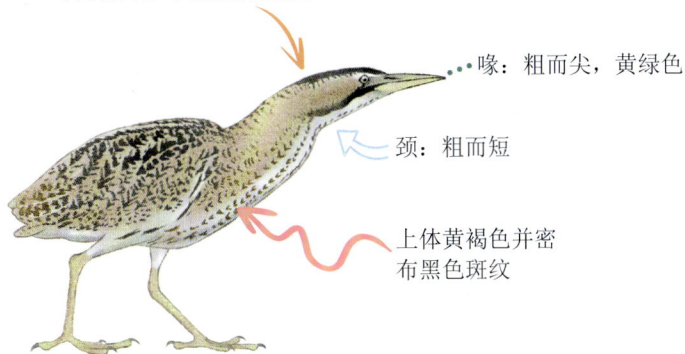

喙：粗而尖，黄绿色

颈：粗而短

上体黄褐色并密
布黑色斑纹

ad. br.

喉至胸具有
多条黑褐色
纵纹

脚：黄绿色，爪短而粗

nonbr.

—— 体长：69～81 cm ——

鸟类身份证

中文名 黄斑苇鳽

- - - - - - - - - - - - - - - - - - - -

学　名 *Ixobrychus sinensis*　　鹈形**目** 鹭**科**

保护级别 三有

居留类型 夏候鸟

出现时间 四月至十月

**bird
card**

东滩常见区域

在东滩保护区常见于芦苇带。

食性

喜食小鱼、小虾、水生昆虫、蛙类等。

习性

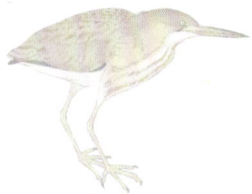

常常单独或成对活动；多在清晨和傍晚活动，也在晚间和白天活动；每年4—8月在东滩生态修复区芦苇带内进行繁殖。

上体黄褐色

头顶栗褐色

下体淡黄白色并具纵纹

脚：黄绿色

♀

顶冠黑色

飞羽及尾端黑色，飞行时宽大的黑色翼缘非常明显

♂

体长：30～40 cm

鸟类身份证

中文名 夜鹭

学　名 *Nycticorax nycticorax*　鹈形**目** 鹭**科**

保护级别 三有

居留类型 留鸟 / 夏候鸟

出现时间 全年

bird card

东滩常见区域

在东滩保护区全域常见。

食性

喜食鱼类、虾、螺、昆虫等。

习性

喜群居，白天多在缩着脖子静立休息，黄昏时鸟群分散觅食。每年4—8月在东滩生态修复区芦苇带和保护区周边树林内进行繁殖。

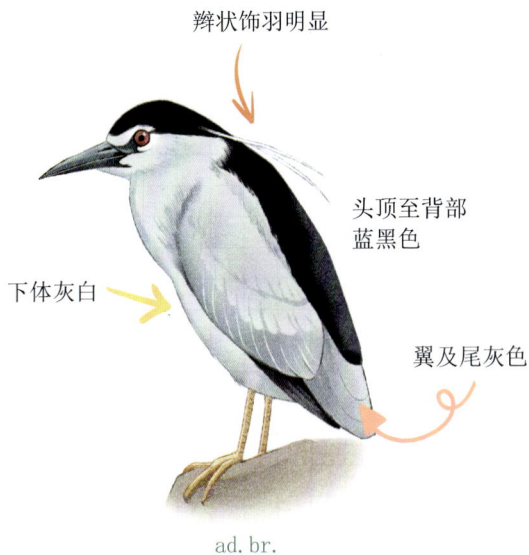

翼上斑纹呈水滴状

juv.

辫状饰羽明显

头顶至背部
蓝黑色

下体灰白

翼及尾灰色

ad. br.

—— 体长：58 ～ 65 cm ——

鸟类身份证

中文名 池鹭

学　名 *Ardeola bacchus*

鹈形目 鹭科

保护级别 三有
居留类型 夏候鸟
出现时间 五月至十月

bird card

东滩常见区域

在东滩保护区全域常见。

食性

喜食鱼、虾、蛙类、昆虫等。

习性

单独或成小群活动。

头、颈栗色

背：背部披蓝
黑色羽毛，具
细的丝状羽

胸：栗色

翅膀及尾白色

ad. br.

背部黄褐色

头、颈及胸密布
黄褐色纵纹

下体：白色
体型：中型、粗壮

脚黄绿色

nonbr.

—— 体长：40～50 cm ——

鸟类身份证

中文名 牛背鹭

学　名 *Bubulcus ibis*

鹈形目 鹭科

保护级别 三有
居留类型 夏候鸟
出现时间 四月至十月

bird
card

东滩常见区域

在东滩保护区常见于生态修复区
和保护区周边农田。

食性

喜食昆虫、蛙类、蜥蜴及蜘蛛等。

习性

常成对或成 3～5 只的小群活动，有时单独或集成数
十只的大群活动；常伴随牛活动。

脖子较其他白
色鹭类粗短

喙：橙黄色，
尖而直

头、颈、胸及背
具橙黄色饰羽

ad. br.

眼先及喙黄色

全身雪白

脚：黑色

nonbr.

—— 体长：45～55 cm ——

鸟类身份证

中文名 苍鹭

学 名 *Ardea cinerea*

鹈形目 鹭科

保护级别 三有
居留类型 留鸟 / 旅鸟
出现时间 全年

bird card

东滩常见区域

在东滩保护区全域常见。

食性

喜食鱼、虾。

习性

性孤僻，在浅水中觅食，冬季有时集大群活动。

幼鸟：通体灰色较重

juv.

辫状羽明显

颈：污白色为主，具黑色纵纹

喙橙红色

背部蓑羽不明显

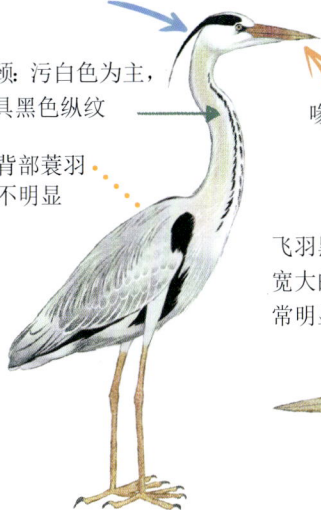

ad. br.

飞羽黑色，飞行时宽大的黑色羽缘非常明显

"辫子"几乎没有

整体灰色

nonbr.

—— 体长：90 ～ 98cm ——

鸟类身份证

中文名 草鹭

学 名 *Ardea purpurea*

鹈形**目** 鹭**科**

保护级别 三有
居留类型 夏候鸟
出现时间 四月至十月

bird card.

东滩常见区域

在东滩保护区常见于生态修复区。

食性

喜食小鱼、蛙、甲壳类动物、蜥蜴、蝗虫。

习性

常单独活动，东滩保护区曾记录到60～70只的集群营巢，营巢位置位于鸟类科普教育基地1号和2号馆中间的芦苇荡，喜欢在苇丛、开阔水域活动。每年5—8月，在生态修复C区（科普基地1号馆东侧）芦苇带营巢繁殖。

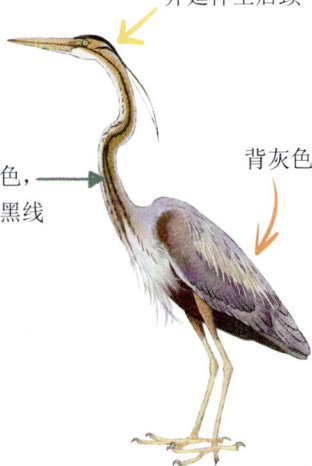

头：顶冠黑色，
并延伸至后颈

背灰色

前颈棕褐色，
颈侧具长黑线

ad. br.

整体棕褐色，
并具黑色斑块

尾：短，灰色

飞羽灰黑色，
飞行时宽大的灰黑色翼缘非常明显

nonbr.

—— 体长：70～90 cm ——

鸟类身份证

中文名 大白鹭

学　名 *Ardea alba*

保护级别 三有

居留类型 旅鸟 / 夏候鸟

出现时间 全年可见

鹳形**目** 鹭**科**

bird
card.

东滩常见区域

在东滩保护区全域常见。

食性

喜食鱼、虾、蛇、大型昆虫、蛙类等。

习性

常单独或集小群活动，
繁殖期在芦苇丛里筑巢。

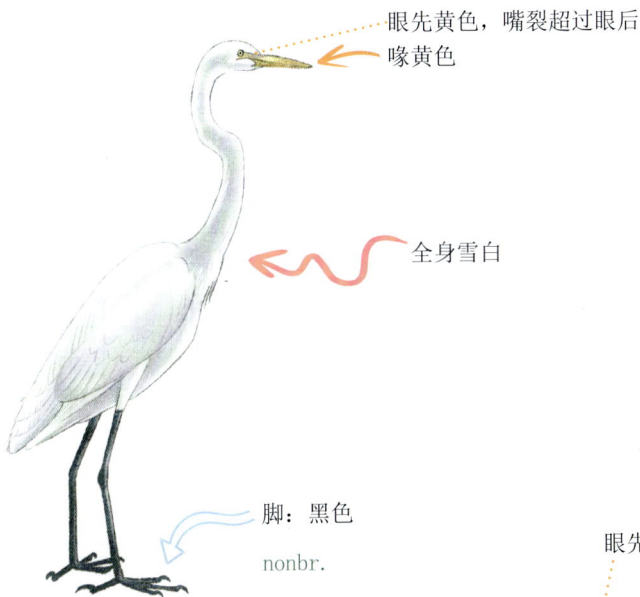

眼先黄色，嘴裂超过眼后

喙黄色

全身雪白

脚：黑色

nonbr.

眼先蓝绿色

喙黑色

ad. br.

体长：80 ～ 104 cm

鸟类身份证

中文名 中白鹭

学　名 *Ardea intermedia*

保护级别 三有

居留类型 夏候鸟

出现时间 四月至十月

鹈形**目** 鹭**科**

bird
card.

东滩常见区域

在东滩保护区全域可见。

食性

喜食鱼、虾、昆虫、蛙类等。

习性

常集群活动，繁殖期在树上集群筑巢。

喙几乎全黑
嘴裂不超过眼后，眼先黄色

胸及背具蓑羽

ad. br.

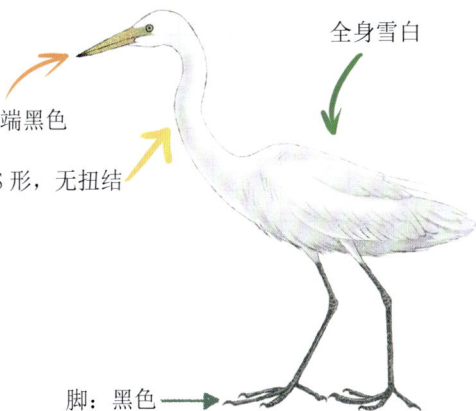

全身雪白

喙黄色，末端黑色

颈：S 形，无扭结

脚：黑色 →

nonbr.

—— 体长：65 ～ 72 cm ——

鸟类身份证

中文名 白鹭

- - - - - - - - - - - - - - - - - -

学　名 *Egretta garzetta*　　　鹈形**目** 鹭**科**
保护级别 三有
居留类型 留鸟
出现时间 全年

bird
card.

东滩常见区域

在东滩保护区全域常见。

食性

喜食鱼类、虾、蟹、蛙类和昆虫。

习性

常集群觅食，晚间飞回夜栖地时呈"V"字编队，与其他水鸟混群营巢。

全身雪白

脚黑色，趾黄色

大白鹭

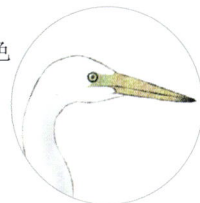

中白鹭

枕部有两根长饰羽

背部有蓑羽

ad.br.

—— 体长：55～65 cm ——

白鹭

牛背鹭

鸟类身份证

中文名 卷羽鹈鹕

学 名	*Pelecanus crispus*
保护级别	国家一级
居留类型	冬候鸟
出现时间	十一月至次年三月

鹈形目 鹈鹕科

bird card

东滩常见区域

在东滩保护区罕见于滩涂水域及生态修复区水域。最近几年，11月到次年2月有极少数个体在保护区东旺沙闸口处过冬。2024年最高纪录为7只。

食性

主要以鱼为食，也捕食甲壳类动物、软体动物等。

习性

少量出没于东滩保护区，捕食时，张开大嘴伸入水底将鱼虾兜入其中，连鱼带水收入囊中，然后抬起头滤出水再将食物吞下。

飞行时，翼上飞羽黑褐色

喉囊黄色，到达东滩
保护区时为红色

nonbr.

体长：160～183 cm

羽毛斑驳褐色

juv.

眼：浅黄色

头部和枕部羽毛卷曲，
后颈具卷曲的短羽冠

体型：大型游禽，体形壮硕

到达东滩保
护区后喉囊
为鲜橙色

ad. br.

鸟类身份证

中文名 普通鸬鹚 (lú cí)

学　名 *Phalacrocorax carbo*　　鲣鸟**目** 鸬鹚**科**

保护级别 三有

居留类型 冬候鸟

出现时间 十月到次年三月

bird card

东滩常见区域

在东滩保护区常见于生态修复区的深水区域。

食性

喜食各种鱼类。

习性

多集群活动，善于潜水捕鱼。

头颈部具白色丝状羽

喙：长尖端呈钩状，以黑色为主

眼周和喉侧裸露部分为黄色

身体：黑色，具金属光泽
体型：大型

两肋下具白色斑块

ad. br.

整体黑色，略带金属光泽

脸颊和喉：白色

nonbr.

体长：80 ～ 100 cm

鸟类身份证

中文名 蛎鹬 (lì yù)

学　名 *Haematopus ostralegus*　鸻形目 蛎鹬科

保护级别 三有

居留类型 冬候鸟

出现时间 十月至次年三月

bird card.

东滩常见区域

在东滩保护区可见于小北港区域滩涂，每年有 100 只左右过境东滩保护区。

食性

喜食贝类，也吃虾、蟹、蠕虫等。

习性

常成群在滩涂或浅水区域缓慢行走。

喙红色，长而粗壮

上体黑色，下体白色

♀

成鸟：雌雄两性外形相
似。体羽以黑、白两色
为主，体型浑圆

脚粉红色

♂

— 体长：40～47cm —

鸟类身份证

中文名 反嘴鹬

学　名 *Recurvirostra avosetta*　鸻形**目** 反嘴鹬**科**

保护级别 三有

居留类型 夏候鸟 / 旅鸟 / 冬候鸟

出现时间 全年

bird card.

东滩常见区域

在东滩保护区常见于生态修复区浅水区域和自然滩涂。

食性

喜食昆虫、甲壳类动物。

习性

集群活动。

每年 4—8 月在东滩生态修复区浅滩和岛屿营巢繁殖。

幼鸟：幼鸟和成鸟相似，但在成鸟羽毛黑色部位幼鸟羽毛为暗褐色或灰褐色

juv.

眼先、前额、头顶、枕和颈上部覆羽黑色或黑褐色，形成一个经眼下到后枕，然后弯下后颈的黑色帽状斑

成鸟：雌雄两性外表相似

ad.

—— 体长：42 ～ 45 cm ——

鸟类身份证

中 文 名 黑翅长脚鹬

学　　名 *Himantopus himantopus* 鸻形**目** 反嘴鹬**科**
保护级别 三有
居留类型 旅鸟 / 夏候鸟
出现时间 三月至十月

bird card.

东滩常见区域

在东滩保护区常见于生态修复区
浅水区域和自然滩涂。

食性

喜食软体动物、鱼类、甲壳类动物和昆虫。

习性

每年 4—8 月在东滩生态修复区内的浅滩和岛屿营
巢繁殖，单独或集群活动。

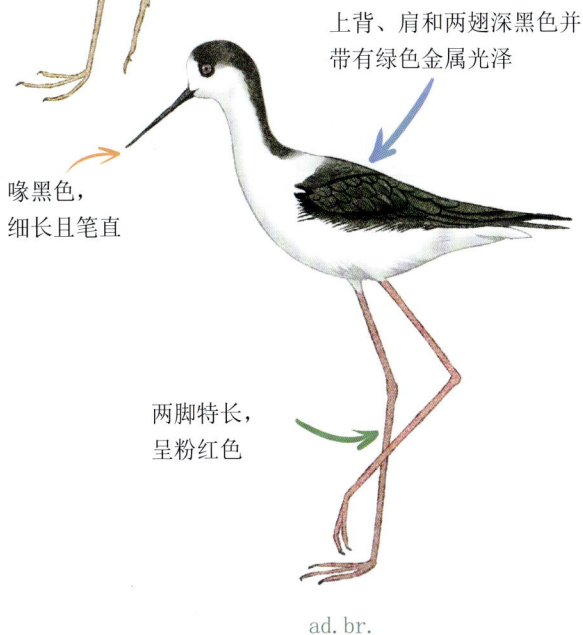

幼鸟：与雌鸟体色相似，
上背灰色

juv.

上背、肩和两翅深黑色并
带有绿色金属光泽

喙黑色，
细长且笔直

两脚特长，
呈粉红色

ad. br.

——体长：35 ～ 40 cm——

鸟类身份证

中文名 凤头麦鸡

学　名 *Vanellus vanellus*　　鸻形**目** 鸻科

保护级别 三有

居留类型 冬候鸟

出现时间 十一月至次年三月

bird card.

东滩常见区域

在东滩保护区可见于生态修复区草地和保护区周边农田。

食性

喜食蝗虫、蛙类、小型无脊椎动物、植物种子。

习性

常集群活动；飞行速度较慢。

顶冠黑色且具较长上翘的"辫子"

上体深绿色具金属光泽

胸部具黑色
宽带

下体白色

♂

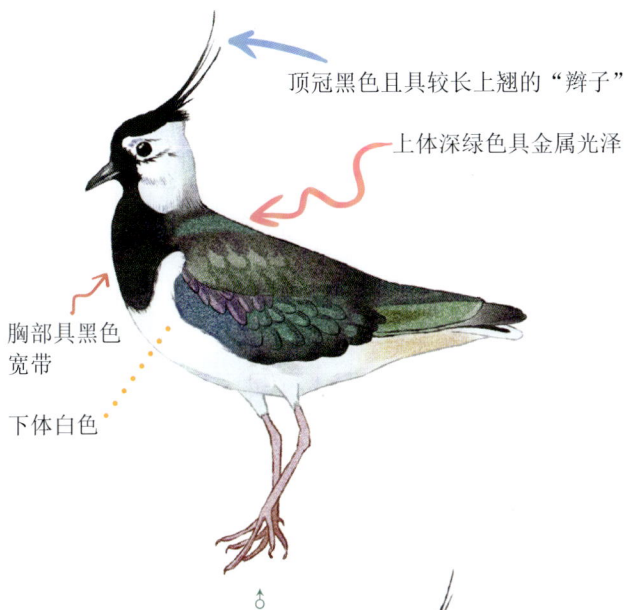

成鸟：雌雄两性外表
相似，非繁殖期喉部
常有白斑

幼鸟：头淡黑色或
皮黄色，冠羽较短，
额、喉白色，上体
具皮黄色羽缘

♀

体长：28～31 cm

鸟类身份证

中 文 名　灰头麦鸡

学　　名　*Vanellus cinereus*

保护级别　三有

居留类型　旅鸟 / 夏候鸟

出现时间　三月至十月

鸻形**目**　鸻**科**

bird
card.

东滩常见区域

在东滩保护区可见于草滩及保护区周边农田。

食性

喜食甲虫、蝗虫、蚱蜢等昆虫，也吃水蛭、螺、蚯蚓、植物叶片和种子。

习性

常集群活动；主要在农田觅食，飞行速度较慢，繁殖期是 5—7 月。

头、颈灰色

喙黄色而端部黑色

juv.

十一、鸻形目

繁殖期头、颈及胸灰色

成鸟：雌雄两性外表相似

胸部和腹部之间有黑色胸带分隔

ad. br.

—— 体长：34～37 cm ——

鸟类身份证

中文名 灰鸻
héng

学　名　*Pluvialis squatarola*　鸻形目　鸻科
保护级别　三有
居留类型　冬候鸟
出现时间　全年

bird card

东滩常见区域

在东滩保护区常见于光滩。

食性

喜食贝类、螺类、蟹等底栖动物。

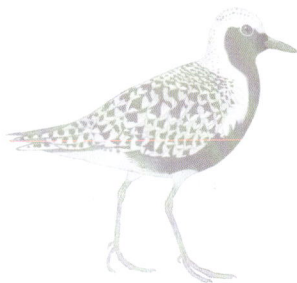

习性

常成小群活动；喜与其他鸻鹬类一起在滩涂活动。

腋羽黑色，飞行时明显

幼鸟：形态与非繁
殖期的成鸟相似

juv.

眉纹至胸侧具白
色宽带

成鸟：雌雄两性外
表相似。繁殖期成
鸟胸腹部具有明显
黑色斑块，颊、额、
喉变为黑色，腋羽
黑色短粗，翅膀打
开时可见

ad. br.

—— 体长：27～31 cm ——

鸟类身份证

中 文 名 金眶鸻

学 名 *Charadrius dubius*　　　鸻形**目** 鸻**科**

保护级别 三有

居留类型 旅鸟 / 夏候鸟

出现时间 四月至十月

bird card.

东滩常见区域

在东滩保护区全域可见。

食性

喜食昆虫及其幼虫、蜘蛛、虾、蟹、小型水生无脊椎动物等。

习性

常单独或成对活动；每年4—8月在修复区生态岛屿上进行繁殖，常快步小跑。

白色颈环将头与躯干隔开
上体灰褐色，下体白色

"眼罩"黑褐色，眼眶金色
较淡灰褐色胸带，不闭合

nonbr.

黑色顶纹与"眼罩"相连
并延伸至喙基

成鸟：雌雄两性外表相似

黑色胸带闭合

ad. br.

——体长：14～17 cm——

鸟类身份证

中文名 环颈鸻

学　名 *Charadrius alexandrinus* 鸻形目 鸻科
保护级别 三有
居留类型 旅鸟 / 冬候鸟
出现时间 全年

bird card.

东滩常见区域

在东滩保护区全域常见。

食性

喜食贝类、螺类、甲壳类和水生昆虫，
也食植物种子、草籽。

习性

常集群在滩涂或近海岸的草地，与其他涉禽混群活动；
每年 4—8 月在修复区生态岛屿上进行繁殖。

雄鸟头顶棕红色

具黑色贯眼纹

♂ ad. br.

雌鸟头顶褐色

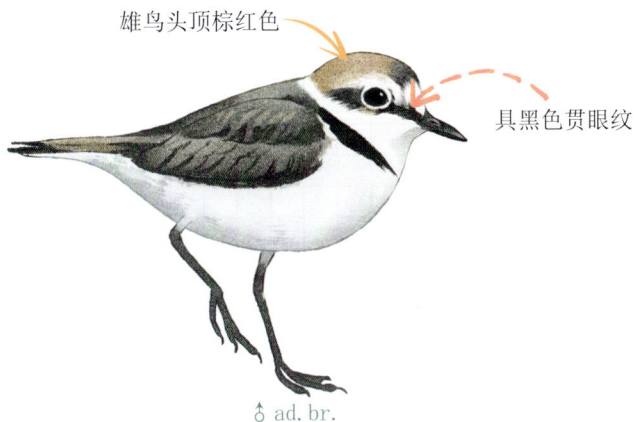

雌雄两性外表相似，
繁殖期雌鸟颜色比雄鸟颜
色暗淡

幼鸟：形态与非繁
殖的成鸟相似

胸侧黑褐色带斑

♀

——— 体长：14～17 cm ———

鸟类身份证

中文名 蒙古沙鸻

学　名 *Charadrius mongolus*　鸻形目 鸻科
保护级别 三有
居留类型 旅鸟
出现时间 三月至五月、七月至十月

bird card

东滩常见区域

在东滩保护区常见于光滩。

食性

喜食沙蚕、螺、蟹等小型动物。

习性

迁徙期喜集群；在滩涂与其他鸻鹬类混群活动；繁殖期为每年的5—7月。

褐色眼罩上具模糊的白色眉纹

上体灰褐色，下体白色

下颊至喉部白色，胸侧具灰褐色带斑

nonbr.

成鸟：雌雄两性外表相似，额前具白斑

黑色顶纹与眼罩相连并延伸至喙基

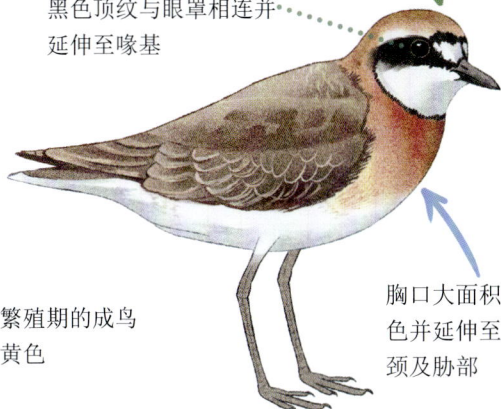

幼鸟：形态与非繁殖期的成鸟相似，胸斑为皮黄色

胸口大面积栗色并延伸至后颈及胁部

ad. br.

—— 体长：18 ～ 21 cm ——

鸟类身份证

中文名 铁嘴沙鸻

学　名 *Charadrius leschenaultii* 鸻形**目** 鸻**科**
保护级别 三有
居留类型 旅鸟
出现时间 三月至五月、七月至十一月

bird
card

东滩常见区域

在东滩保护区常见于光滩。

食性

喜食小虾、昆虫、淡水螺类等。

习性

多喜欢在水边沙滩或泥泞地上边跑边觅食。

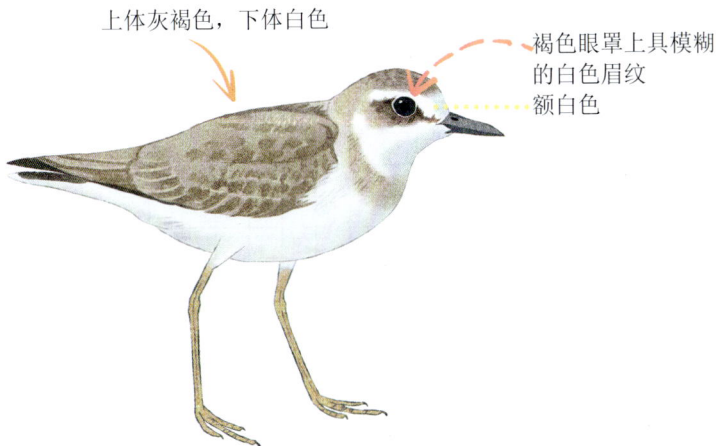

上体灰褐色，下体白色

褐色眼罩上具模糊
的白色眉纹
额白色

nonbr.

黑色顶纹与眼罩相连并
延伸至喙基

成鸟：雌雄两性
外表相似

喙比蒙古
沙鸻长

胸部栗色带较窄

幼鸟：形态与非
繁殖期的成鸟相
似，羽色较淡

ad. br.

—— 体长：22～25 cm ——

鸟类身份证

中 文 名 **中杓鹬** ^{sháo yù}

学　名 *Numenius phaeopus*

鸻形**目** 鹬**科**

保护级别 三有

居留类型 旅鸟

出现时间 四月至六月、八月至十月

bird card

东滩常见区域

在东滩保护区全域可见。

食性

喜食螺、甲壳类动物和软体动物等。

习性

单独或成小群活动，
迁徙时和在栖息地则集成大群。

飞羽羽缘具白
色三角斑

喙细长而向下弯曲
（呈黑色）

—— 体长：38～46 cm ——

鸟类身份证

中文名 白腰杓鹬

学　名 *Numenius arquata*

保护级别 国家二级
居留类型 冬候鸟
出现时间 十月至次年三月

鸻形**目** 鹬**科**

bird
card.

东滩常见区域

在东滩保护区常见于光滩。

食性

喜食甲壳类动物、软体动物、昆虫及其幼虫等。

习性

常小群活动。

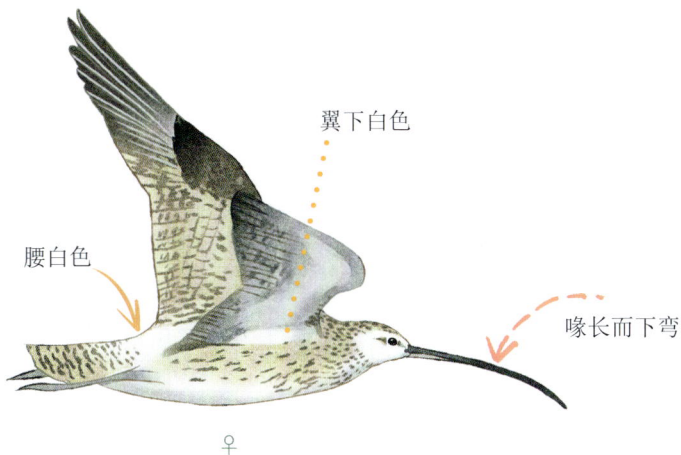

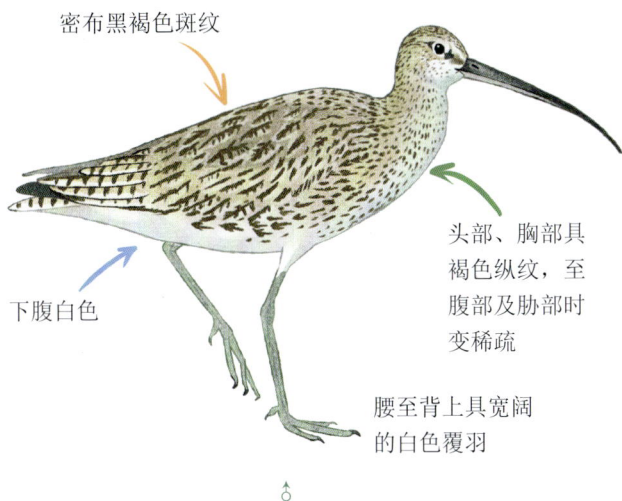

翼下白色

腰白色

喙长而下弯

♀

密布黑褐色斑纹

头部、胸部具褐色纵纹，至腹部及胁部时变稀疏

下腹白色

腰至背上具宽阔的白色覆羽

♂

体长：50～60 cm

鸟类身份证

中 文 名　大杓鹬

学　　名　*Numenius madagascariensis*　鸻形目　鹬科
保护级别　国家二级
居留类型　旅鸟
出现时间　三月至五月、七月至十月

bird
card

东滩常见区域

在东滩保护区常见于光滩。

食性

喜食甲壳类动物、软体动物、蠕形动物、昆虫的幼虫等。

习性

单独或成小群活动，
休息时或夜间栖息时常集成群。

喙长而下弯

头胸部纵纹延伸至
胁部甚至尾下，
下腹部淡棕色

♀

翼下具黑褐色斑纹

♂

体长：53～66 cm

鸟类身份证

中文名 斑尾塍鹬
_{chéng}

学　名 *Limosa lapponica* 　　鸻形**目** 鹬**科**
保护级别 三有
居留类型 旅鸟
出现时间 三月至五月，八月至十月

bird card

东滩常见区域

在东滩保护区可见于光滩。

食性

喜食甲壳类动物、软体动物、环节动物等。

习性

常单独或成小群活动。

具白色眉纹及淡褐色贯眼纹 ······

喙基粉红色、端部黑色，微微上翘

上体灰褐色斑驳，飞羽无明显翼斑

颈及胸有褐色细纹，颈粗而短

nonbr.

上体黑色更浓

尾、腰至背具黑白横斑

头颈至下体锈红色

腿脚黑褐色，腿呈灰绿色 ······

♂ ad. br.

—— 体长：37～41 cm ——

鸟类身份证

中文名 黑尾塍鹬

学　名 *Limosa limosa*

鸻形目 鹬科

保护级别 三有
居留类型 旅鸟
出现时间 三月至五月，七月至十一月

bird
card

东滩常见区域

在东滩保护区常见于生态修复区
浅水区域和光滩。

食性

喜食水生和陆生昆虫及其幼虫，
甲壳类动物和软体动物。

习性

成小群或大群活动。

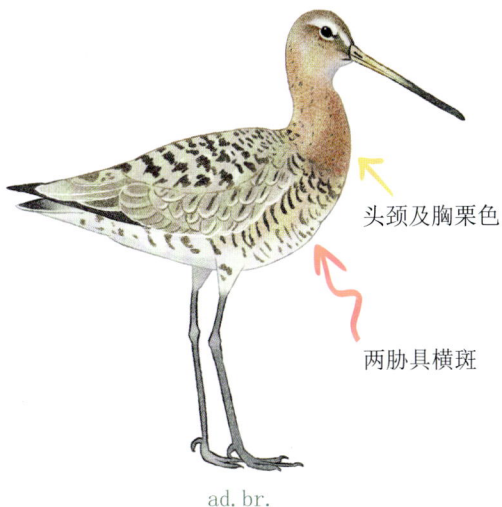

具不明显的白
色眉纹及褐色
贯眼纹

上体整体呈淡
褐色

喙基粉红色、端部黑
色，长而直

尾端黑，尾上
覆羽白色

飞行时与翼上白
带构成"八"字

nonbr.

头颈及胸栗色

两肋具横斑

ad. br.

体长：36 ～ 44 cm

鸟类身份证

中文名 翻石鹬

学　名 *Arenaria interpres*　　鸻形**目** 鹬**科**
保护级别 国家二级
居留类型 旅鸟
出现时间 三月至五月、七月至十月

**bird
card**

东滩常见区域

在东滩保护区可见于自然滩涂。

食性

喜食甲壳类动物、软体动物、蜘蛛、蚯蚓、昆虫及
其幼虫等。

习性

常单独或成小群活动，
迁徙期间也常集成大群。

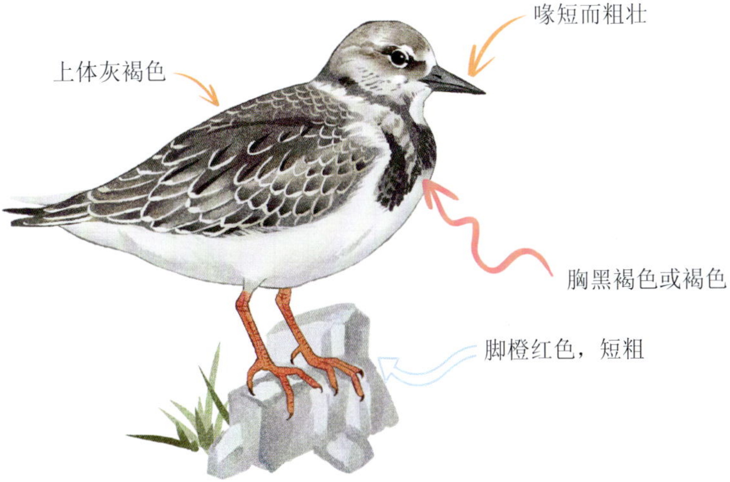

喙短而粗壮

上体灰褐色

胸黑褐色或褐色

脚橙红色，短粗

nonbr.

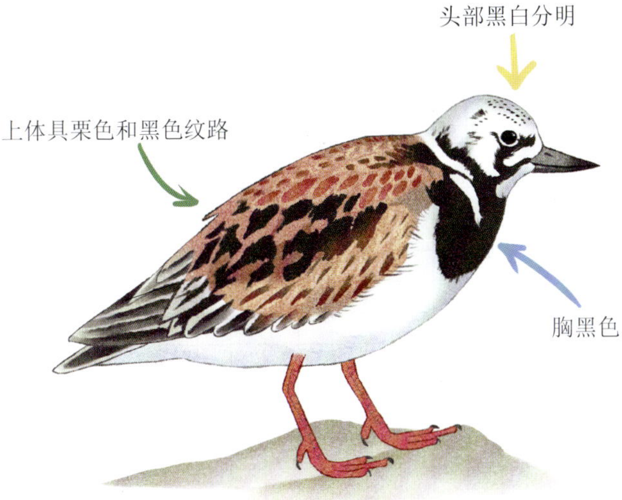

头部黑白分明

上体具栗色和黑色纹路

胸黑色

ad. br.

—— 体长：21 ～ 26 cm ——

鸟类身份证

中文名 大滨鹬

学　名 *Calidris tenuirostris* 鸻形**目** 鹬**科**
保护级别 国家二级
居留类型 旅鸟
出现时间 三月至五月，八月至十月

bird
card

东滩常见区域

在东滩保护区可见于光滩。

食性

喜食甲壳类动物、软体动物、昆虫及其幼虫。

习性

集体活动于滩涂上。

幼鸟：上体淡灰褐色，
具黑色纵纹

下体白色

juv.

喙较长，端部略下弯

胸及两胁斑点增多且更黑

ad. br.

—— 体长：26～28 cm ——

鸟类身份证

中文名 红腹滨鹬

学　名 *Calidris canutus*　　　鸻形**目** 鹬**科**
保护级别 三有
居留类型 旅鸟
出现时间 三月至五月，八月至十月

bird
card

东滩常见区域

在东滩保护区可见于光滩。

食性

喜食软体动物、甲壳类等底栖动物。

习性

常单独或成小群活动，冬季亦常集成大群。

肩羽为淡灰褐色，具细的黑色
条纹和亚端黑斑与白色羽缘

翼下大面积为白色，
有少量斑纹，飞行时
翼后缘白色明显

喙长和头长接近

nonbr.

头、颈及下体栗红色

ad. br.

———— 体长：23 ～ 25 cm ————

鸟类身份证

中 文 名 阔嘴鹬

学　　名 *Calidris falcinellus* 鸻形**目** 鹬**科**
保护级别 国家二级
居留类型 旅鸟
出现时间 三月至五月、七月至十月

bird
card

东滩常见区域

在东滩保护区常见于生态修复区浅水区域和光滩。

食性

喜食甲壳类动物、软体动物、环节动物、昆虫及其幼虫等。

习性

常单只、成对或成小群活动，有时也集成大群。

幼鸟：和成鸟相似，肩和三级飞羽具淡栗皮黄色和白色羽缘

juv.

黑白相间的顶冠纹构成"西瓜皮"，白色眉纹及黑色贯眼纹明显

整体褐色斑驳

喙长，粗壮而宽扁，端部急弯

成鸟：雌雄两性外表相似，胸部具黑色细纹

ad. br.

—— 体长：16 ～ 18 cm ——

鸟类身份证

中文名 尖尾滨鹬

学　名 *Calidris acuminata*　　鸻形**目** 鹬**科**

保护级别 三有

居留类型 旅鸟

出现时间 四月至五月，九月至十月

bird card

东滩常见区域

在东滩保护区常见于生态修复区浅水区域和自然滩涂。

食性

喜食甲壳类动物、软体动物、昆虫及其幼虫。

习性

单独或集群活动，
常与其他鹬类混群活动和觅食。

幼鸟：头顶亮棕色，后颈皮黄色
眉纹白色

下体白

胸部具黑色纵纹

juv.

头顶橙红色，
眉纹白色

喙基黄绿色、
端黑色

成鸟：雌雄两性外表
相似

胸部淡褐色密布黑色斑点，
下胸部及胁部有"V"形斑

脚黄绿色

ad. br.

——体长：17～22 cm——

鸟类身份证

中 文 名 弯嘴滨鹬

学　　名 *Calidris ferruginea*　鸻形**目** 鹬**科**
保护级别 三有
居留类型 旅鸟
出现时间 四月至五月、八月至十月

bird
card

东滩常见区域

在东滩保护区可见于生态修复区浅水区域和自然滩涂。

食性

喜食甲壳类动物、软体动物、蠕虫和水生昆虫。

习性

常集群活动。

幼鸟：似成鸟冬羽，但头顶、翕、肩和三级飞羽黑褐色具淡皮黄色羽缘

juv.

喙长而下弯

成鸟：雌雄两性外表相似

头颈至下体锈红色

ad. br.

—— 体长：19 ～ 23 cm ——

鸟类身份证

中文名 红颈滨鹬

学　名 *Calidris ruficollis*　鸻形**目** 鹬**科**

保护级别 三有

居留类型 旅鸟

出现时间 四月至五月，九月至十月

bird card

东滩常见区域

在东滩保护区常见于生态修复区浅水区域和自然滩涂。

食性

喜食甲壳类动物、软体动物、昆虫及其幼虫。

习性

常集群活动。

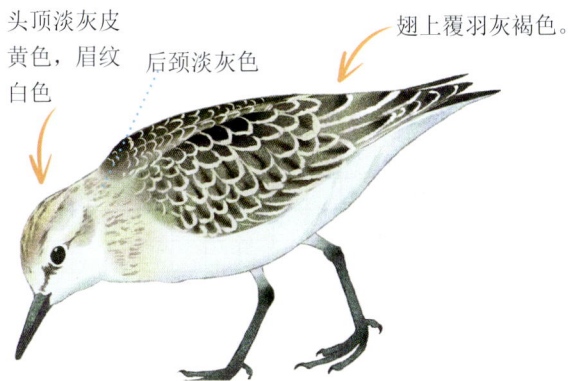

头顶淡灰皮
黄色，眉纹
白色

后颈淡灰色

翅上覆羽灰褐色。

juv.

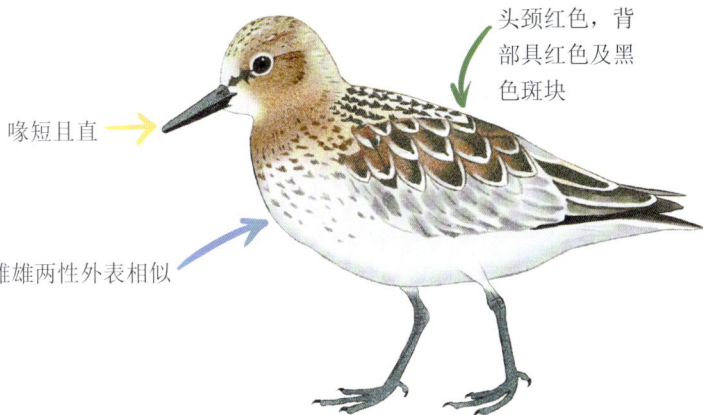

头颈红色，背
部具红色及黑
色斑块

喙短且直

成鸟：雌雄两性外表相似

ad. br.

—— 体长：13 ~ 16 cm ——

鸟类身份证

中文名 三趾滨鹬

学　名 *Calidris alba*　　　　鸻形**目** 鹬**科**

保护级别 三有

居留类型 旅鸟

出现时间 四月至五月、八月至十月

bird
card

东滩常见区域

在东滩保护区可见于光滩。

食性

喜食甲壳类、软体类等小型无脊椎动物。

习性

常集群活动，有时也与其他鹬混群。

幼鸟头顶黑褐色，具皮黄色羽缘。眉纹皮黄白色

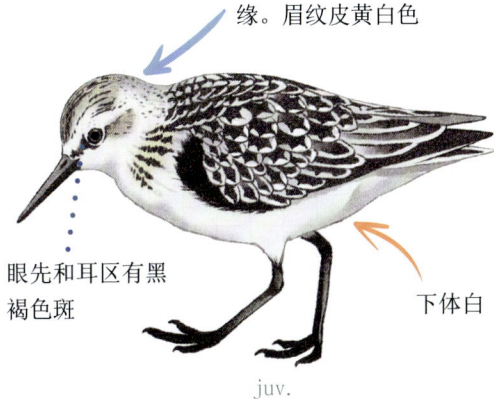

眼先和耳区有黑褐色斑

下体白

juv.

头、颈、胸及背红褐色斑驳

体型较大，喙黑色，短直而粗壮

成鸟：雌雄两性外表相似

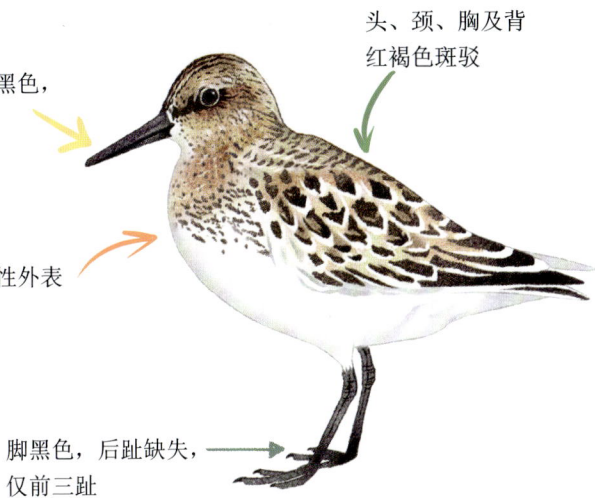

脚黑色，后趾缺失，仅前三趾

ad. br.

—— 体长：20～21 cm ——

鸟类身份证

中文名 黑腹滨鹬

学 名 *Calidris alpina*

保护级别 三有

居留类型 旅鸟 / 冬候鸟

出现时间 全年

鸻形**目** 鹬**科**

bird
card.

东滩常见区域

在东滩保护区常见于生态修复区
浅水区域和自然滩涂。

食性

喜食甲壳类动物、软体动物、昆虫及其幼虫。

习性

单独或集群活动。

头、眼先和耳区褐色

后颈皮黄褐色，肩、背
黑褐色，翅褐色

下体白

胸腹部具有黑
色纵纹

juv.

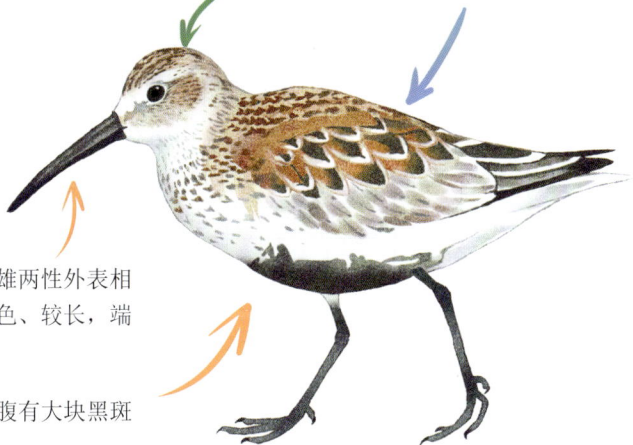

头颈具黑色细纹　上体褐色斑驳

成鸟：雌雄两性外表相
似。嘴黑色、较长，端
部微向下

下胸至上腹有大块黑斑

ad. br.

—— 体长：16 ～ 22 cm ——

鸟类身份证

中文名 半蹼鹬

学　名 *Limnodromus semipalmatus* 鸻形目 鹬科
保护级别 国家二级
居留类型 旅鸟
出现时间 三月至五月、七月至十月

bird
card

东滩常见区域

在东滩保护区可见于生态修复区
浅水区域和自然滩涂。

食性

喜食昆虫及其幼虫、蠕虫和软体动物等。

习性

常单独或成小群活动。

颈、胸及两胁具黑色纹路

具白色眉纹及
黑色贯眼纹

上体灰褐色

喙黑色，直而
长，末端膨大

nonbr.

头颈至下腹锈红色

腰及尾具黑色横斑

翼下白色

ad. br.

—— 体长：33 ～ 36 cm ——

鸟类身份证

中 文 名 扇尾沙锥

学 名 *Gallinago gallinago* 鸻形**目** 鹬**科**
保护级别 三有
居留类型 旅鸟 / 冬候鸟
出现时间 九月至次年五月

bird card

东滩常见区域

在东滩保护区可见于生态修复区浅水区域和自然滩涂。

食性

喜食小甲虫等小型昆虫，
以及蚯蚓和蜘蛛等小型无脊椎动物。

习性

常单独或成小群活动。

头黑褐色（头顶中央有一棕红色或淡皮黄色中央冠纹）

喙长而直（端部黑褐色，基部绿褐色）

juv.

颈黑褐色

背黑色（背上覆羽羽缘黄白色）

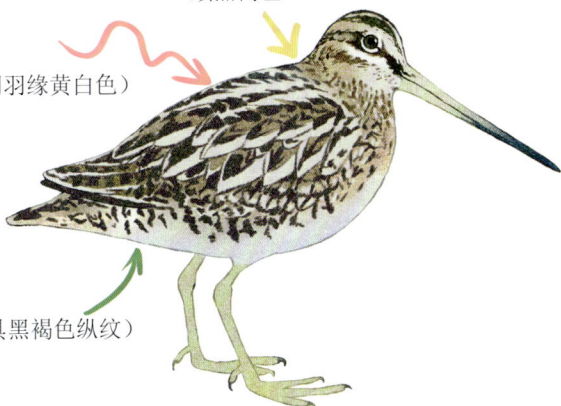

下体白色（具黑褐色纵纹）

ad.

———— 体长：25～27 cm ————

鸟类身份证

中文名 翘嘴鹬

- - - - - - - - - - - - - - - - - - -

学　　名 *Xenus cinereus*　　　　**鸻形**目 **鹬**科

保护级别 三有

居留类型 旅鸟

出现时间 三月至四月，九月至十月

bird
card

东滩常见区域

在东滩保护区常见于浅水区域和自然滩涂。

食性

喜食螃蟹等底栖动物。

习性

常单独或成小群活动。

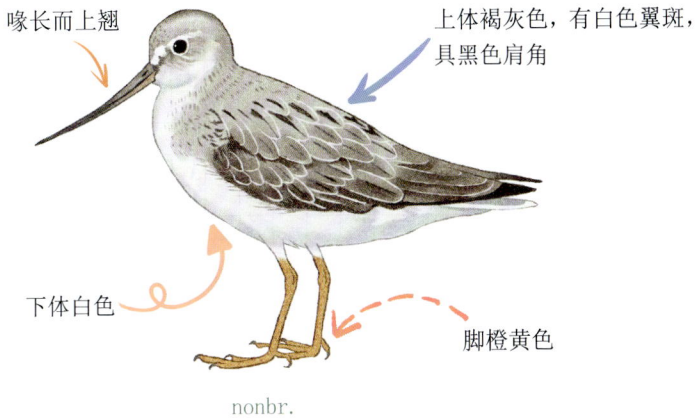

喙长而上翘

上体褐灰色，有白色翼斑，具黑色肩角

下体白色

脚橙黄色

nonbr.

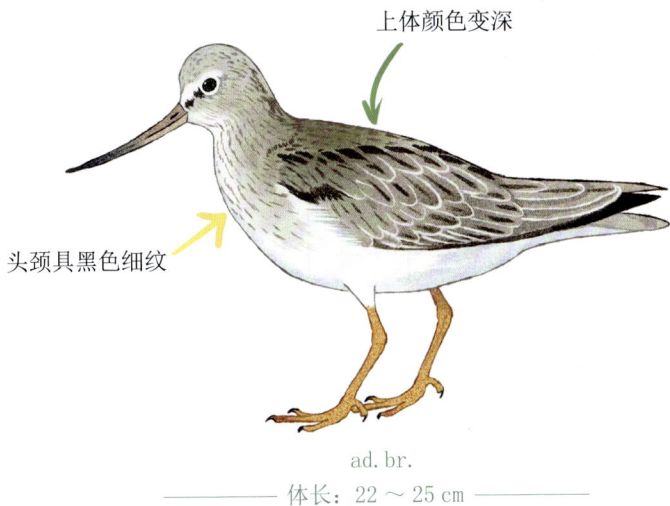

上体颜色变深

头颈具黑色细纹

ad. br.

—— 体长：22 ~ 25 cm ——

鸟类身份证

中 文 名 矶鹬

学　　名 *Actitis hypoleucos*　　　鸻形**目** 鹬**科**

保护级别 三有
居留类型 留鸟
出现时间 全年

bird card.

东滩常见区域

在东滩保护区常见于生态修复区浅水区域或堤岸。

食性

在东滩主要食用各类底栖动物。

习性

常单独或成对活动,
非繁殖期亦成小群。

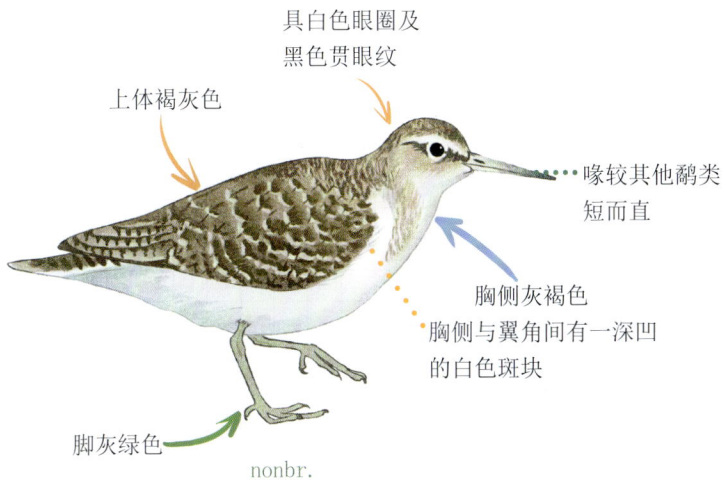

具白色眼圈及
黑色贯眼纹

上体褐灰色

喙较其他鹬类
短而直

胸侧灰褐色
胸侧与翼角间有一深凹
的白色斑块

脚灰绿色

nonbr.

褐色更浓

尾长于翼尖

ad. br.

体长：19 ～ 21cm

鸟类身份证

中 文 名 白腰草鹬

学 名 *Tringa ochropus*

鸻形**目** 鹬**科**

保护级别 三有

居留类型 旅鸟 / 冬候鸟

出现时间 八月至次年五月

bird
card

东滩常见区域

在东滩保护区可见于生态修复区浅水区域。

食性

喜食蠕虫、虾、蜘蛛、小蚌、田螺、昆虫及其幼虫等。

习性

常常单独或成对活动。

白色眼圈与不过眼的眉纹相连，
眼先黑色

夏季上体及胸侧灰褐色
而具白色斑点

nonbr.

黑色更浓

头、颈及胸具纵纹

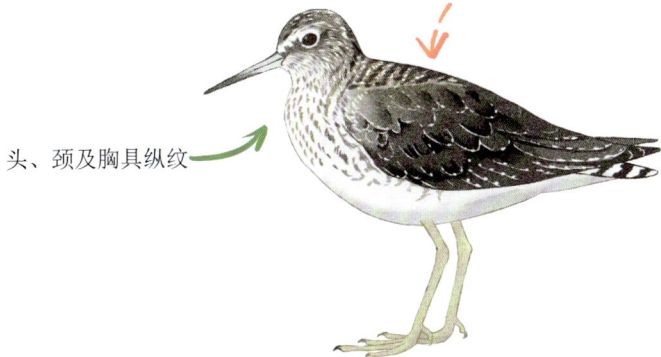

ad. br.

—— 体长：21～24 cm ——

鸟类身份证

中 文 名 鹤鹬

学　名 *Tringa erythropus*

鸻形**目** 鹬**科**

保护级别 三有

居留类型 旅鸟 / 冬候鸟

出现时间 九月至次年五月

bird card

东滩常见区域

在东滩保护区全域常见。

食性

喜食甲壳类动物、软体动物、蠕形动物、水生昆虫和昆虫幼虫。

习性

常单独或成分散的小群活动。

白色眉纹过眼，眼先黑色

上体灰色

喙细长且端部下弯，上喙黑色，仅下喙基红色

脚红色

nonbr.

上体黑色变浓

腰至背具白色斑点

头至下体黑色

ad. br.

—— 体长：29～32 cm ——

鸟类身份证

中 文 名 青脚鹬

学　　名 *Tringa nebularia* 　　鸻形目 鹬科

保护级别 三有

居留类型 旅鸟 / 冬候鸟

出现时间 全年

bird
card.

东滩常见区域

在东滩保护区常见于生态修复区浅水区域和自然滩涂。

食性

喜食虾、蟹、小鱼、螺、水生昆虫和昆虫幼虫等。

习性

常单独、成对或成小群活动。

喙长而粗，
略上翘

上体灰色，
头至后颈具灰色细纹

nonbr.

头颈黑色斑纹变粗

上体具黑色斑点

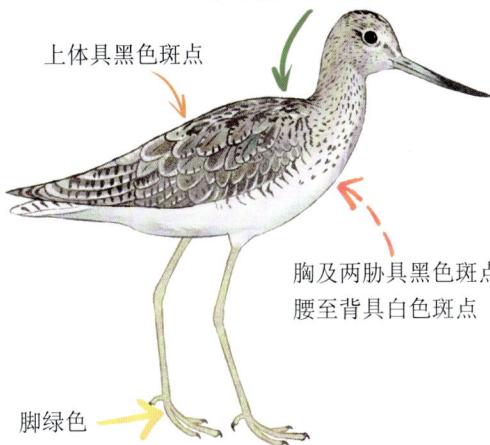

胸及两肋具黑色斑点，
腰至背具白色斑点

脚绿色

ad. br.

—— 体长：30 ～ 35 cm ——

鸟类身份证

中文名 红脚鹬

学　名 *Tringa totanus*　　　　鸻形**目** 鹬**科**

保护级别 三有

居留类型 旅鸟

出现时间 三月至五月、七月至十月

bird card.

东滩常见区域

在东滩保护区可见于生态修复区浅水区域和自然滩涂。

食性

喜食软体动物、甲壳动物、环节动物和昆虫等。

习性

常单独或成小群活动，休息时则成群。

上体灰褐色

胸部具斑纹

nonbr.

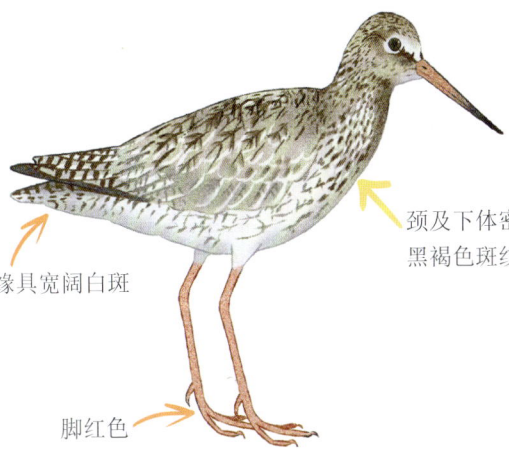

颈及下体密布
黑褐色斑纹

翅后缘具宽阔白斑

脚红色

ad. br.

体长：27 ～ 29 cm

鸟类身份证

中 文 名 林鹬

学　　名 *Tringa glareola*　　　　鸻形目 鹬科
保护级别 三有
居留类型 旅鸟
出现时间 三至五月、八至十一月

bird
card

东滩常见区域

在东滩保护区可见于生态修复区
浅水区域和自然滩涂。

食性

喜食昆虫及其幼虫、蠕虫、蜘蛛、软体动物和甲壳类动物等。

习性

常单独或成小群活动。

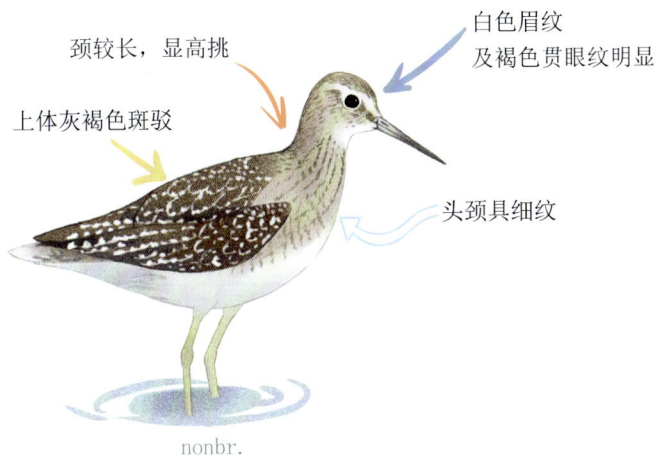

颈较长，显高挑

白色眉纹
及褐色贯眼纹明显

上体灰褐色斑驳

头颈具细纹

nonbr.

上体颜色变深，白斑变大

ad. br.

—— 体长：19 ～ 23 cm ——

鸟类身份证

中 文 名 泽鹬

学　　名 *Tringa stagnatilis*　　　　鸻形**目** 鹬**科**

保护级别 三有

居留类型 旅鸟

出现时间 四月至五月、七月至十月

bird
card.

东滩常见区域

在东滩保护区常见于生态修复区浅水区域和自然滩涂。

食性

喜食水生昆虫、昆虫幼虫、蠕虫、软体动物和甲壳类动物等。

习性

常单独或成小群活动。

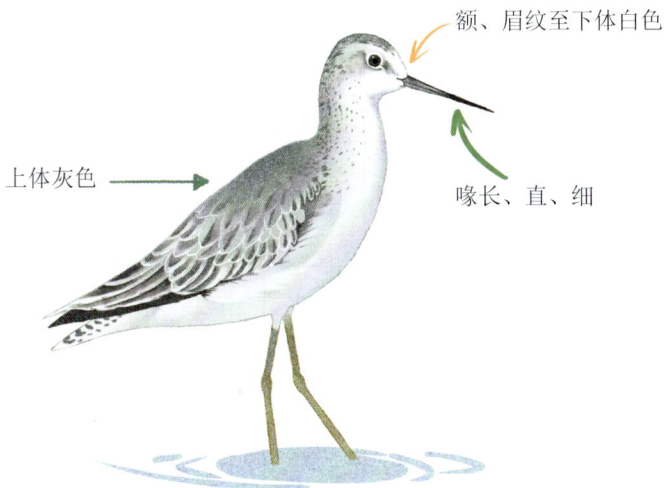

额、眉纹至下体白色

上体灰色

喙长、直、细

nonbr.

上体灰褐色

头颈具暗色纵纹

腰至下背白色

脚黄绿色

ad. br.

—— 体长：22～26 cm ——

鸟类身份证

中 文 名 红嘴鸥

学　名 *Chroicocephalus ridibundus* 鸻形目　鸥科
保护级别 三有
居留类型 冬候鸟
出现时间 九月至次年四月

bird card.

东滩常见区域

在东滩保护区可见于生态修复区水域和光滩。

食性

喜食鱼、水生昆虫，甲壳类、软体类等水生无脊椎动物。

习性

常成群活动。

眼后具狭窄白色眼圈

繁殖期头部具深棕色头盔

ad. br.

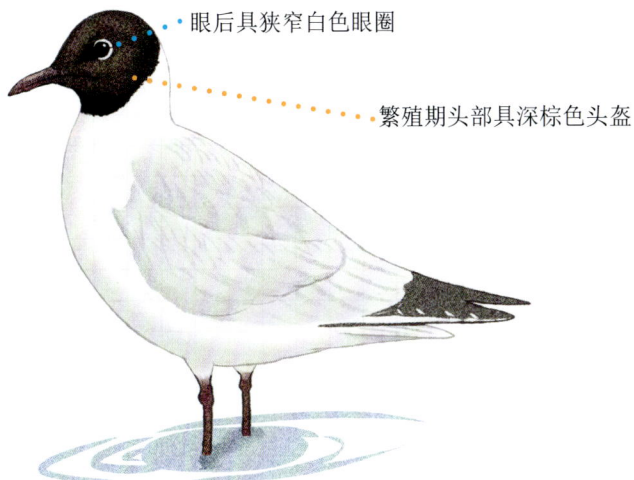

成鸟：雌雄两性外表相似

上体浅灰色

喙红色，
端部黑色

幼鸟：和成鸟相似

juv.

体长：37～43 cm

鸟类身份证

中文名 黑嘴鸥

学　名 *Saundersilarus saundersi* 鸻形目　鸥科
保护级别 国家一级
居留类型 夏候鸟 / 旅鸟 / 冬候鸟
出现时间 全年

bird
card

东滩常见区域

在东滩保护区常见于生态修复区
水域和自然滩涂。

食性

喜食昆虫及其幼虫、甲壳类动物、蠕虫等。

习性

常成小群活动，与其他鸥混群。每年 4—8 月在东
滩生态修复区（A5 区）浅滩和岛屿营巢繁殖。

繁殖期头部具黑色头盔，
眼后具明显白色眼圈

喙黑色，
粗且短

ad. br

上体浅灰色，
黑色耳羽

幼鸟：和成鸟冬
羽相似，但背微
沾褐色

脚红色

juv.

—— 体长：29～33 cm ——

鸟类身份证

中文名 黑尾鸥

学　名 *Larus crassirostris*　　鸻形**目** 鸥**科**

保护级别 三有

居留类型 冬候鸟

出现时间 八月至次年四月

bird card.

东滩常见区域

在东滩保护区可见于生态大堤和光滩。

食性

捕食上层鱼类，也吃虾、蟹、软体动物。

习性

集群活动。

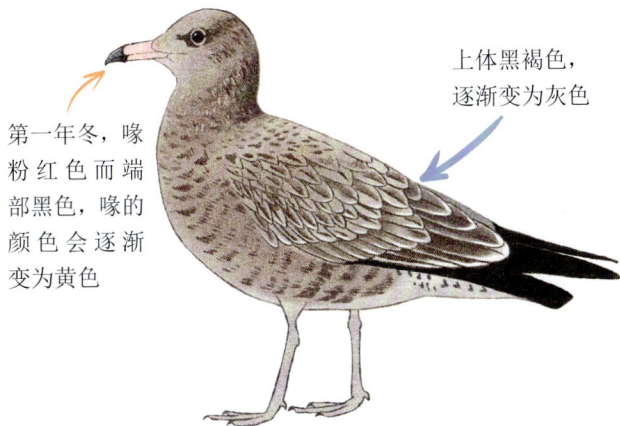

第一年冬，喙粉红色而端部黑色，喙的颜色会逐渐变为黄色

上体黑褐色，逐渐变为灰色

juv.

成鸟：雌雄两性外表相似。上体灰色，外侧初级飞羽黑色，尾上覆羽白色

喙粗壮，喙基黄色、次端黑色、端部红色

尾次端具宽阔黑带

nonbr.

体长：44～48cm

鸟类身份证

中文名 白额燕鸥

学　名 *Sternula albifrons*　　　　　鸻形目 鸥科

保护级别 三有

居留类型 旅鸟

出现时间 四月至十月

bird
card.

东滩常见区域

在东滩保护区可见于生态修复区水域和自然滩涂。

食性

喜食鱼、水生昆虫、水生无脊椎动物。

习性

2023 年和 2024 年 4—8 月记录到在东滩生态修复区岛屿营巢繁殖，常成群结队活动，与其他燕鸥混群。

头顶灰色，后枕黑

上体灰，缀有褐色横斑

尾较短，整体白色，
尾端带有褐色

juv.

头顶至枕部黑色且
与贯眼纹相连

额白色

成鸟：雌雄两性外表相似

喙较细长，繁
殖期喙黄色而
端黑

ad. br.

—— 体长：22～28cm ——

鸟类身份证

中文名 普通燕鸥

学　名 *Sterna hirundo*　　　　鸻形目 鸥科

保护级别 三有

居留类型 旅鸟/夏候鸟

出现时间 四月至十月

bird card

东滩常见区域

在东滩保护区常见于生态修复区水域和自然滩涂。

食性

喜食小鱼、虾。

习性

每年4—8月在东滩生态修复区岛屿营巢大群繁殖。

背沾褐色夹杂暗褐色斑

幼鸟：和成鸟冬羽相似。下嘴基黄褐色（亚种下喙基部红色）

脚肉褐色

juv.

额至枕部黑色

成鸟：雌雄两性外表相似

喙细长

脚红色

ad.br. 亚种（minussensis）

体长：32～38 cm

鸟类身份证

中 文 名 灰翅浮鸥

学　　名 *Chlidonias hybrida*　　鸻形**目** 鸥**科**

保护级别 三有

居留类型 旅鸟 / 夏候鸟

出现时间 四月至十月

bird card

东滩常见区域

在东滩保护区常见于
生态修复区水域和自然滩涂。

食性

喜食小鱼、甲壳类动物、软体动物和水生昆虫。

习性

在保护区繁殖，集小群活动，每年5—9月在东滩
生态修复区浅水区域营巢繁殖。

幼鸟：似成鸟，
但头、背具褐色杂斑

juv.

额、顶冠、枕黑色

成鸟：雌雄两性外表相似

喙红色

胸腹黑色

ad. br.

体长：23 ～ 29 cm

鸟类身份证

中文名 白翅浮鸥

学　名 *Chlidonias leucopterus* 鸻形**目** 鸥**科**

保护级别 三有

居留类型 旅鸟

出现时间 四月至五月，八月至十月

bird
card.

东滩常见区域

在东滩保护区可见于生态修复区内塘。

食性

喜食小鱼、虾、昆虫及其幼虫。

习性

成群活动。

幼鸟：和成鸟冬羽相似，但头顶黑褐色，背、肩及翅灰褐色

juv.

成鸟：雌雄两性外表相似

繁殖期喙暗红色

翅膀银灰色，头颈至背及胸腹黑色

ad. br.

—— 体长：23～27 cm ——

鸟类身份证

中文名 短耳鸮

学　名 *Asio flammeus*

鸮形目 鸱鸮科

保护级别 国家二级
居留类型 冬候鸟
出现时间 十月至次年三月

bird card

东滩常见区域

在东滩保护区有开阔视野的灌草丛。

食性

主食鼠类，也吃小鸟、蜥蜴和昆虫。

习性

多于黄昏和晚上活动、猎食。营巢于沼泽附近草丛或阔叶林内树洞中，不在东滩繁殖。

飞羽和尾羽：黑褐和棕黄色的横斑

下体：皮黄色并具深褐色纵纹

♂

面部：具短小的耳羽束

上体：黄褐色并布满黑色和皮黄色纵纹

跗跖和趾：被棕黄色羽毛覆盖
爪黑色

♀

——— 体长：34 ～ 40 cm ———

鸟类身份证

中文名 鹗（è）

学　名 *Pandion haliaetus*　　鹰形目 鹗科
保护级别　国家二级
居留类型　冬候鸟
出现时间　十月至次年六月

bird card.

东滩常见区域

在东滩保护区全域可见。

食性

喜食鱼类。

习性

单独或成对活动。

翼指 5 枚

头部白色，
头侧有过眼睛到后颈部
的黑色眼纹

尾短

褐色贯眼纹

成鸟：雌雄两性成鸟外形相似，
上体为沙褐色或灰褐色

幼鸟：和成鸟大
体相似，头顶褐
色纵纹较粗密而
显著，上体和翅
下覆羽褐色，下
体白色

脚及趾灰白

体长：51～64 cm

鸟类身份证

中文名 白腹鹞

学　名 *Circus spilonotus*　　鹰形目 鹰科

保护级别 国家二级

居留类型 留鸟 / 冬候鸟

出现时间 全年

bird card.

东滩常见区域

在东滩保护区常见于池塘、芦苇带。

食性

喜食昆虫、蛙、蛇、小型啮齿类动物、小型鸟类等。

习性

常单独活动，多在沼泽和芦苇上低空飞行，栖息时多在地上或低的土堆上。

头颈部及翼前缘
奶白色

上体暗棕 →

下体棕褐色 ↷

juv.

♀

成鸟：雌鸟羽毛颜色
较雄鸟颜色浅，以棕
褐色居多

雄鸟头颈部黑色，
通体颜色多以灰黑
为主

♂

—— 体长：48～58 cm ——

鸟类身份证

中 文 名 白尾海雕

学　　名 *Haliaeetus albicilla* 鹰形**目** 鹰**科**
保护级别 国家一级
居留类型 冬候鸟
出现时间 十一月至次年三月

bird card.

东滩常见区域

在东滩保护区极其偶见。

2012年和2017年各记录到1只，均拍到照片。

食性

喜食鱼类，也捕食鸟类和中小型哺乳动物。

习性

在保护区单只出现。

幼鸟喙端部黑色

juv.

尾和体羽褐色

喙黄色

成鸟：雌雄两性成鸟外形相似，整体颜色以褐色或沙褐色为主

尾较短，呈楔状，纯白色

ad.

————— 体长：74～92 cm —————

鸟类身份证

中文名 戴胜

学　名 *Upupa epops*

保护级别 三有

居留类型 留鸟

出现时间 全年

犀鸟**目** 戴胜**科**

bird card

东滩常见区域

在东滩保护区常见于林带和裸地。

食性

以昆虫为主要食物，如蝗虫、蝼蛄、金龟子、跳蝻、蛾类和蝶类。常把嘴插入土中取食。

习性

多单独活动，边走边觅食。平时羽冠低伏，惊恐或激动时羽冠竖直。繁殖期3—7月。

头：具羽冠

嘴：细长下弯

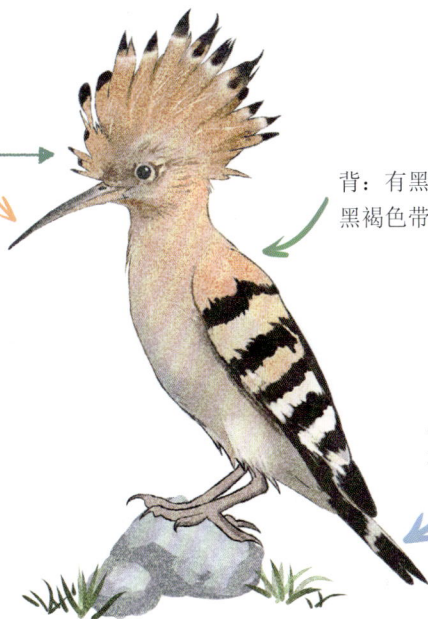

背：有黑色、棕白色、黑褐色带斑

尾：基部白色，端部黑色

体型：中型鸟类

ad. br.

体长：26 ～ 32 cm

鸟类身份证

中 文 名 普通翠鸟

学　　名 *Alcedo atthis*

保护级别 三有

居留类型 留鸟

出现时间 全年

佛法僧**目** 翠鸟**科**

bird
card

东滩常见区域

在东滩保护区全域可见。

食性

主要以小鱼为主食，兼吃甲壳类动物和多种水生昆虫及其幼虫。

习性

常单独活动，喜停息在河边树桩、岩石上。繁殖期5—8月，每年繁殖一窝，每窝产卵5～7枚。

背至尾上覆羽：
辉翠蓝色

尾短小

体型：小型

juv.

额、头顶、后
颈：黑绿色

眼后：栗棕红色

耳后：有白斑

腹至尾下覆羽：红棕色或棕栗色

脚和趾：朱红色。爪：黑色

飞羽：黑褐色

ad. br.

体长：16～17 cm

鸟类身份证

中 文 名 斑鱼狗

学　　名 *Ceryle rudis*

佛法僧**目** 翠鸟**科**

保护级别 三有
居留类型 留鸟
出现时间 全年

bird card.

东滩常见区域

在东滩保护区可见于生态修复区水边。

食性

主要以鱼、虾、水生昆虫等水生动物为食，有时也吃蝌蚪和蛙。

习性

成对活动，喜嘈杂。繁殖期3—7月，营巢于河流岸边砂岩上掘洞为巢，无内垫物。

前额、头顶、冠羽：黑色，
缀以白色细纹

背：黑白相间斑纹
颈侧：大块白斑

词：具两条黑色胸带

尾：白色，具宽阔
的黑色次端斑

下体：白色

飞羽：黑褐色，
具白色翅斑

体型：中型

♀

体长：25～30.5 cm

鸟类身份证

中 文 名 红隼(sǔn)

- -

学　名 *Falco tinnunculus*　　　隼形目 隼科
保护级别 国家二级
居留类型 留鸟
出现时间 全年

bird
card

东滩常见区域

在东滩保护区全域可见。

食性

主要以昆虫为食，也食鼠类和小型鸟类等。

习性

单独活动，
迅疾俯冲捕食；繁殖期 5—7 月。

头颈棕红色，具粗
著的黑褐色羽干纹

背到尾上覆羽棕红
色，具黑褐色横斑

幼鸟：幼鸟似雌
鸟，但上体斑纹
较粗著

♀

雄鸟头颈灰色

背、肩和翅上覆羽砖红色，
具黑色斑点

尾蓝灰色

♂

—— 体长：30～38 cm ——

鸟类身份证

中文名 游隼

学　名 *Falco peregrinus*　　隼形目 隼科

保护级别 国家二级

居留类型 旅鸟 / 冬候鸟

出现时间 十月至次年四月

bird
card

东滩常见区域

在东滩保护区全域可见。

食性

捕猎飞行中的鸟类。

习性

多单独活动，
迁徙时单独或成对旅行。

幼鸟：和成鸟大体相似，
幼鸟上体暗褐色或灰褐色

下体淡黄褐色或皮黄白色

头至肩背为黑色
到蓝灰色

juv.

♂

成鸟：雌雄两性成鸟外形
相似

胸腹及腿部白色具黑褐色
横斑

头及背灰黑色

脸颊与白色颈相连

♀

——— 体长：41 ～ 50 cm ———

鸟类身份证

中文名 仙八色鸫

学　　名 *Pitta nympha*　　　雀形**目** 八色鸫**科**
保护级别 国家二级
居留类型 旅鸟
出现时间 八月底至九月中

bird card

东滩常见区域

在东滩保护区可见于林带。

食性

主要以昆虫为食，以喙掘土觅食蚯蚓、
蜈蚣及鳞翅目幼虫、鞘翅目昆虫等。

习性

常在灌木、草丛单独活动。行动敏捷，机警胆怯，
善跳跃。

体型：较小而体色艳丽

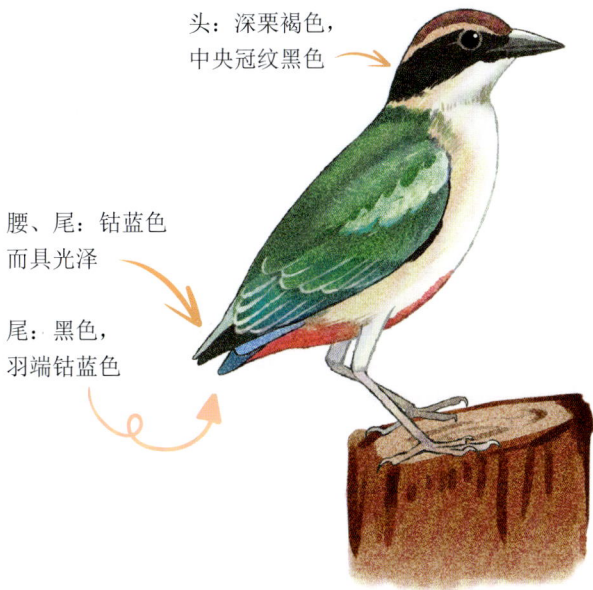

头：深栗褐色，
中央冠纹黑色

腰、尾：钴蓝色
而具光泽

尾：黑色，
羽端钴蓝色

ad. br.

—— 体长：16～20 cm ——

鸟类身份证

中 文 名　黑枕黄鹂

学　　名　*Oriolus chinensis*　　　　雀形**目**　黄鹂**科**
保护级别　三有
居留类型　旅鸟 / 夏候鸟
出现时间　四月至七月，九月至十月

bird
card

东滩常见区域

在东滩保护区可见于林带。

食性

主要以昆虫幼虫为食，也吃少量植物果实与种子。

习性

在树冠层单独或成对活动，很少下到地面。4—5 月迁到北方，9—10 月南迁。

枕部和贯眼
纹：黑色但
不明显

喙：粉色，
较粗

juv.

体型：小型鸣禽。

头枕部有一宽阔的黑色带斑并向两
侧延伸，和黑色贯眼纹相连，形成
一条围绕头顶的黑带

通体金黄色，
两翅和尾黑色

尾羽、飞羽：黑色，
具黄色端斑

脚：灰黑色

ad. br.

——— 体长：23～28 cm ———

鸟类身份证

中文名 黑卷尾

学　名 *Dicrurus macrocercus*　雀形目　卷尾科
保护级别 三有
居留类型 夏候鸟
出现时间 五月到十月

bird card.

东滩常见区域

在东滩保护区可见于林带。

食性

以昆虫为食，如蜻蜓、蝗虫、胡蜂等。

习性

成对活动，喜欢栖息在高大乔木或电线上。发现猎物时，它们会俯冲捕捉，然后返回栖息的高处吞食。

幼鸟：金属光泽较弱

下腹部有近白色的横纹，腹部羽毛色淡有不规则白斑

juv.

成鸟全身黑色，头背部和覆羽具金属光泽

尾长且分叉明显，末端略上卷

嘴和脚为黑色

ad. br.

—— 体长：29 ～ 30 cm ——

鸟类身份证

中文名 **寿带**

学　名 *Terpsiphone incei*　　　　雀形**目** 王鹟**科**
保护级别 **三有**
居留类型 **旅鸟 / 夏候鸟**
出现时间 **五月至八月**

bird
card

东滩常见区域

在东滩保护区常见于林带。

食性

主要以昆虫为食，如天蛾、蝗虫、松毛虫等。

习性

单独或成对活动，性羞怯，
飞行缓慢，一般不长距离飞行，一夫一妻制。

头顶色彩较暗且无金属光泽，体型较小

尾羽较短

头部、颈部和羽冠具有深蓝辉光

身体其余部分为白色并带有黑色羽干纹

具有显著的长尾羽

♀

♂

白色型 ad. br.

———— 体长：约 20 cm + 尾约 30 cm ————

鸟类身份证

中文名 棕背伯劳

学　名 *Lanius schach*

保护级别 三有

居留类型 留鸟

出现时间 全年

雀形**目** 伯劳**科**

bird
card

东滩常见区域

在东滩保护区全域常见。

食性

主要以昆虫等为食，
也捕食小鸟、青蛙、蜥蜴和鼠类。

习性

多单独活动，繁殖期成对活动。
性凶猛，领域性甚强。

头顶至上背灰色

ad. br.

juv.

喙：锋利，
上喙具弯钩。
黑色贯眼线

肩羽、下背
至尾上覆羽红棕色

下体淡棕色或棕白色
脚：黑色

翅和尾羽黑色

ad. br.

—— 体长：20 ～ 25 cm ——

鸟类身份证

中 文 名 喜鹊

学　　名 *Pica serica*

保护级别 三有

居留类型 留鸟

出现时间 全年

雀形目　鸦科

bird
card.

东滩常见区域

在东滩保护区全域常见。

食性

杂食性鸟类，食物包括昆虫、蠕虫、果实和小型脊椎动物等，也会吃人类丢弃的食物残渣。

习性

群居性鸟类，繁殖季节会筑巢于树上，叫声响亮，能够发出多种不同的鸣叫声。

翼及尾蓝色且闪墨绿色金属光泽

体型：较大

成鸟头颈、背及胸黑色

尾部长而有墨绿色的光泽

肩羽及腹部白色

体长：46～50 cm

鸟类身份证

中 文 名 中华攀雀

学　　名 *Remiz consobrinus*　　雀形目 攀雀科

保护级别 三有

居留类型 冬候鸟

出现时间 十月至次年三月

bird
card.

东滩常见区域

在东滩保护区常见于芦苇带。

食性

杂食性，以多种昆虫等为食，也食植物幼芽、种子以及花蜜。

习性

生活在水域附近，在树上营造囊袋状巢，越冬期集群。

顶冠灰

脸罩黑

背棕色

雄鸟：体型纤小

♂

尾略凹

眉纹：淡褐色
过眼纹：褐色

头至后颈：
灰褐色

雌鸟及幼鸟似雄鸟，但
色暗，脸罩略呈深色

脚灰褐色

♀

体长：10～11 cm

鸟类身份证

中文名 云雀

学　名 *Alauda arvensis*　　　　雀形**目** 百灵**科**
保护级别 国家二级
居留类型 冬候鸟
出现时间 十月至次年三月

**bird
card**

东滩常见区域

在东滩保护区可见于草丛。

食性

杂食，以种子和甲虫、毛虫、蜘蛛、千足虫、蚯蚓和蛞蝓等为食。

习性

小群活动，地上觅食，鸣声柔美嘹亮。

顶冠：具细纹，羽冠耸立

上体：砂棕色，纵贯宽阔的黑褐色轴纹

胸：棕白，密布黑褐色粗纹

背、尾：覆羽棕色，具黑褐色纵纹

胸棕白，密布黑褐色粗纹

脚：褐色，后爪较后趾长而稍直

ad. br.
体长：16～18 cm

鸟类身份证

中文名 棕扇尾莺

学　名 *Cisticola juncidis*　　　雀形**目** 扇尾莺**科**

保护级别 三有

居留类型 留鸟

出现时间 三月至十月

bird card.

东滩常见区域

在东滩保护区可见于芦苇带。

食性

以昆虫及其幼虫为食，也吃蜘蛛、蚂蚁等其他小的无脊椎动物和杂草种子等植物性食物。

习性

繁殖期间单独或成对活动，领域性强，性活泼。

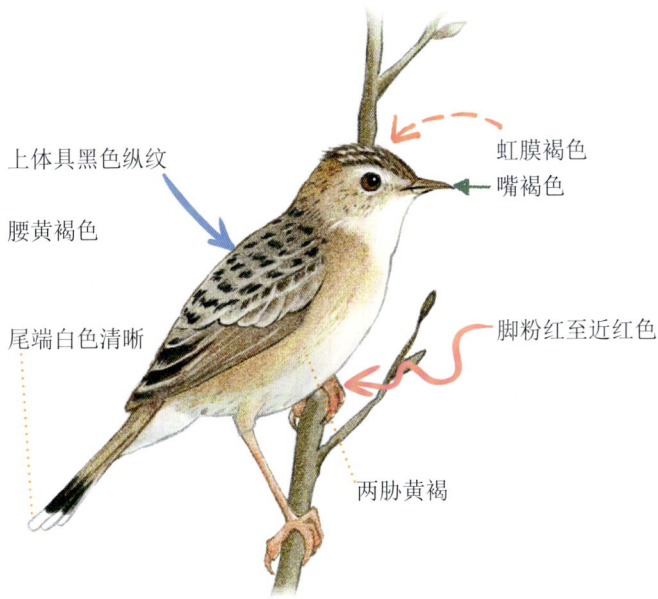

上体具黑色纵纹

腰黄褐色

尾端白色清晰

虹膜褐色

嘴褐色

脚粉红至近红色

两胁黄褐

ad. br.

—— 体长：约 10 cm ——

鸟类身份证

中文名 东方大苇莺

学 名 *Acrocephalus orientalis*　　雀形**目** 苇莺**科**
保护级别 三有
居留类型 夏候鸟
出现时间 五月至九月

bird card.

东滩常见区域

在东滩保护区常见于芦苇带。

食性

主要以甲虫、象甲、松毛虫卵、蝽象等为食，也吃蜘蛛等其他小型无脊椎动物和植物果实与种子。

习性

活泼而大胆，常成对或成小群活动，一般都进行短距离低空飞翔，不做长距离飞行。

虹膜为褐色

雌鸟与雄鸟相似，但雌鸟羽色较暗淡，体型稍小

脚灰色

ad. br.
—— 体长：17～19 cm ——

鸟类身份证

中文名 黑眉苇莺

学　　名 *Acrocephalus bistrigiceps* **雀形目 苇莺科**
保护级别 三有
居留类型 旅鸟／夏候鸟
出现时间 四月至十月

bird
card

东滩常见区域

在东滩保护区可见于芦苇带。

食性

以鞘翅目、鳞翅目、直翅目等昆虫和昆虫的幼虫为食，
也吃蝗虫、甲虫、蜘蛛等其他无脊椎动物。

习性

单独或成对活动，性机警，行动敏捷，能灵巧地
在芦苇茎叶间跳跃穿梭。

眉纹淡黄色，
杂有明显的
黑褐色纵纹

体色主要为
橄榄棕褐色

嘴黑褐色，
下嘴基淡褐色

下体白色，
两胁暗棕色

脚肉褐色

ad. br.

—————— 体长：12～14 cm——————

鸟类身份证

中 文 名 家燕

- - - - - - - - - - - - - - - - - -

学　　名 *Hirundo rustica*　　　　**雀形**目　**燕**科

保护级别 三有

居留类型 夏候鸟

出现时间 四月至十月

bird card.

东滩常见区域

在东滩保护区全域可见。

食性

主要以昆虫为食，如蚊、蝇、蛾、蚁、蜂、叶蝉等农林害虫，边飞边捕。

习性

成群栖息，善飞行，白天活动。繁殖期4—7月，1年2窝。

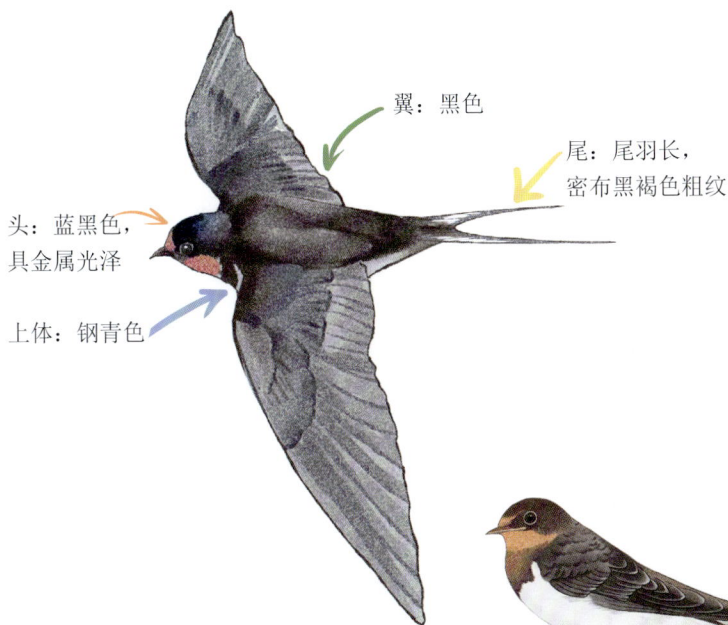

翼：黑色

尾：尾羽长，
密布黑褐色粗纹

头：蓝黑色，
具金属光泽

上体：钢青色

juv.

上胸：偏红色，
下胸：具胸带

腹：白色

脚：黑色、纤弱

ad. br.

——体长：17～19 cm——

鸟类身份证

中文名 白头鹎

学　名 *Pycnonotus sinensis*　　雀形**目** 鹎**科**

保护级别 三有

居留类型 留鸟

出现时间 全年

bird card.

东滩常见区域

在东滩保护区全域常见。

食性

杂食，以金龟子、蝗虫、蚊、蝇，野生楂、桑葚、樱桃、葡萄等为食。

习性

成群活动不惧怕人，性活泼，繁殖期4—8月。

幼鸟羽色暗淡，头后部白色不明显或无，额至头顶纯黑色而富有光泽

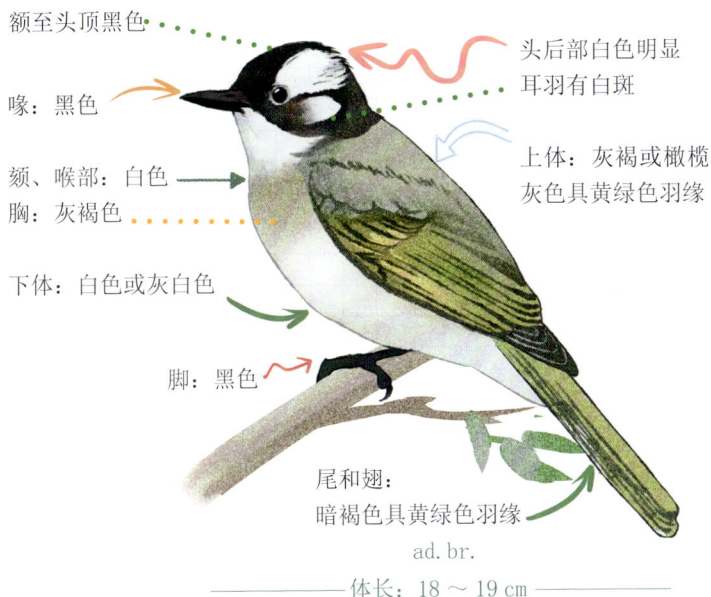

背橄榄色

胸部浅灰褐色
腹部及尾灰白

juv.

额至头顶黑色

喙：黑色

颏、喉部：白色

胸：灰褐色

下体：白色或灰白色

脚：黑色

头后部白色明显
耳羽有白斑

上体：灰褐或橄榄
灰色具黄绿色羽缘

尾和翅：
暗褐色具黄绿色羽缘

ad. br.

—— 体长：18～19 cm ——

鸟类身份证

中文名 黄眉柳莺

学　名 *Phylloscopus inornatus*　雀形**目** 柳莺**科**

保护级别 三有

居留类型 旅鸟／冬候鸟

出现时间 九月至次年五月

bird
card

东滩常见区域

在东滩保护区可见于林带、芦苇带。

食性

以金花虫、虻、蚂蚁等昆虫为食。

习性

常结群，繁殖期单独或成对活动，在树杈上营巢，雏鸟晚成。

纯白或乳白色的眉纹

两道明显的近白色翼斑

下体色彩从白色变至黄绿色

头顶及贯眼纹灰绿色，头背色差小

体型：小型

ad. br.

—— 体长：10 ～ 11 cm ——

鸟类身份证

中文名 棕头鸦雀

学　名 *Sinosuthora webbiana*　　雀形**目** 鸦雀**科**

保护级别　三有

居留类型　留鸟

出现时间　全年

bird card.

东滩常见区域

在东滩保护区常见于芦苇带和灌丛。

食性

主要以甲虫、象甲、松毛虫卵、蝽象等为食，也吃蜘蛛等其他小型无脊椎动物和植物果实与种子。

习性

活泼而大胆，常成对或成小群活动，一般都进行短距离低空飞翔，不做长距离飞行。

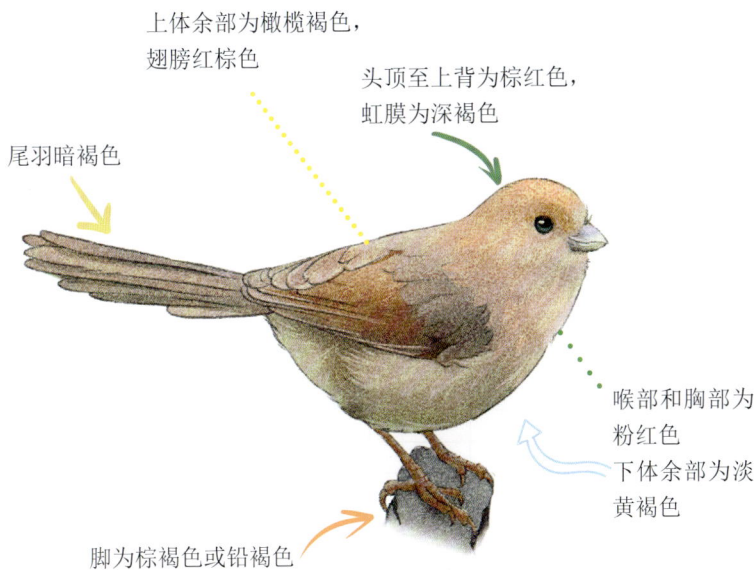

上体余部为橄榄褐色，
翅膀红棕色

头顶至上背为棕红色，
虹膜为深褐色

尾羽暗褐色

喉部和胸部为
粉红色
下体余部为淡
黄褐色

脚为棕褐色或铅褐色

ad.

—— 体长：12～13 cm ——

鸟类身份证

中文名 **震旦鸦雀**

学　名 *Paradoxornis heudei*　雀形**目** 鸦雀**科**
保护级别　国家二级
居留类型　留鸟
出现时间　全年

bird card

东滩常见区域

在东滩保护区常见于芦苇带。

食性

以昆虫为食。

习性

性活泼，结小群栖于芦苇地。

黑色眉纹

背、两肋黄褐色

额、头顶及颈背
为灰色，
额、喉及腹中心
近白色

ad. br.

—— 体长：18～20 cm ——

鸟类身份证

中文名 八哥

学　名 *Acridotheres cristatellus* **雀形目** **椋鸟科**
保护级别 三有
居留类型 留鸟
出现时间 全年

bird
card

东滩常见区域

在东滩保护区常见于林带。

食性

杂食性，食物包括昆虫、果实、种子和人类丢弃的食物残渣等。

习性

喜群居，善于鸣叫，可以模仿多种声音，能够识别镜子中的自己，适应能力强。

翅膀尖端和尾部末端有白色斑纹，翼侧有白斑，飞行时醒目

整体黑色，前额有竖起的羽簇

整体羽毛呈黑色，有金属光泽

喙象牙色

脚趾橙黄色

—— 体长：22～24 cm ——

鸟类身份证

中文名 灰椋鸟

学　名 *Spodiopsar cineraceus* 雀形目 椋鸟科
保护级别 三有
居留类型 留鸟
出现时间 全年

bird card.

东滩常见区域

在东滩保护区常见于建筑物和林带。

食性

在迁徙和繁殖季节，主要以昆虫为食；
在非繁殖季节，主要以种子和浆果为食。

习性

喜欢在地面觅食，善于行走。
在迁徙过程中，会形成大型的群体。

幼鸟：羽毛颜色较成鸟浅，尾部的黑色斑纹不如成鸟明显。喙和腿的颜色略带棕色或灰色，随着成长逐渐变黑

juv.

喙橙黄色 →

额及脸白色，杂有黑色细纹

背灰黑色，飞行时可见腰白色

雄成鸟头顶至后颈、喉部及上胸黑色

下胸及两胁灰色

腿橙黄色 · · · ·

腹至尾下覆羽白色

ad. br.

—— 体长：22～24 cm ——

鸟类身份证

中 文 名 灰背鸫

学　　名 *Turdus hortulorum*　　　雀形**目** 鸫**科**

保护级别 三有

居留类型 冬候鸟

出现时间 十月至次年五月

bird card.

东滩常见区域

在东滩保护区可见于林带。

食性

以昆虫及其幼虫为食，也吃蚯蚓和其他动物以及植物果实与种子等。

习性

单独或成对活动，春秋迁徙季节小群活动。多在地上活动和觅食，善行走。叫声清脆响亮。

上体灰中带褐色

胸有黑斑点

♀

雌雄二型。两胁及翼下覆羽棕色。腹部只尾下覆羽白色

上体全灰

喉灰或偏白，喉部具黑色细纹

胸灰，腹中心及尾下覆羽白色，两胁及翼下橘黄

♂

体长：20～23 cm

鸟类身份证

中文名 乌鸫

- -

学　名 *Turdus mandarinus*　　　　　　**雀形**目　鸫科
保护级别 三有
居留类型 留鸟
出现时间 全年

**bird
card**

东滩常见区域

在东滩保护区常见于林带。

食性

杂食，食物包括昆虫、蚯蚓、种子和浆果。
在城市环境中，经常在垃圾堆中觅食，寻找可吃的食物残渣。

习性

适应能力强，鸣叫声悦耳，常独立活动，具有一定的领地性。

喙偏褐色

雌成鸟整体
黑色泛褐色

♀

成鸟：整体羽毛呈黑色，
有金属光泽。雄鸟羽毛颜
色较暗，呈深褐色

喙黄色
眼圈黄色

♂

体长：27～29 cm

鸟类身份证

中 文 名 斑鸫

学　名 *Turdus eunomus*

保护级别 三有

居留类型 冬候鸟

出现时间 十月至次年四月

雀形目 鸫科

bird card.

东滩常见区域

在东滩保护区可见于林带。

食性

以昆虫、蠕虫和其他无脊椎动物为食，也会食用一些植物果实和种子。

习性

集群活动，性活泼，在地面边跳跃边觅食。

雌成鸟黑褐色髭纹明显，胸腹部鳞状斑较淡

♀

嘴黑褐色，下嘴基部黄色

雄成鸟胸部及两胁密布黑色鳞状斑，黑褐色髭纹明显

头顶、贯眼纹及脸颊黑褐色

背至尾上覆羽黑而具褐色鳞状纹，翅棕褐色

♂

——— 体长：23～25 cm ———

鸟类身份证

中 文 名 鹊鸲

学　名 *Copsychus saularis*　　　雀形**目** 鹟**科**
保护级别 三有
居留类型 留鸟
出现时间 全年

bird
card.

东滩常见区域

在东滩保护区常见于林带。

食性

主要以昆虫为主，兼吃蜘蛛等小动物、
少量草籽和野果。

习性

常单独或成对活动，性活泼、大胆，不畏人，好斗，
特别是繁殖期。休息时喜欢展翅翘尾，鸣声悠扬多变。

头深灰色

雌鸟：与雄鸟相似，但上体颜色较暗，下体白色部分泛棕灰色

♀

成鸟：雄鸟头顶至尾上覆羽黑色，略带蓝色金属光泽

飞羽和大覆羽黑褐色，翼上有明显的白色翼斑

中央尾羽黑色，外侧尾羽白色

♂

—— 体长：19～21cm ——

鸟类身份证

中 文 名 北灰鹟

学　 名 *Muscicapa dauurica*　　　　雀形**目** 鹟**科**
保护级别 三有
居留类型 旅鸟
出现时间 四月至五月，九月至十月

bird
card.

东滩常见区域

在东滩保护区常见于林带。

食性

以昆虫及其幼虫为食。

习性

常单独或成对活动，性活泼，常在树枝间跳跃，鸣声悦耳，常在清晨和黄昏时分鸣叫。

眼圈为白色
上体呈灰褐色，
胸侧及两胁为褐灰色，
下体偏白

新羽具有狭窄的白色翼斑，翼尖延至尾的中部

嘴黑色，
喙较长，
基部宽阔

脚黑色

雌雄相似
头至背灰色

眼先白且明显
下喙基部黄色
胸及胁沾灰褐色

翼及尾黑色沾褐色

翼短，不及尾 1/2

体型：小型

ad. br.
—— 体长：12～14 cm ——

鸟类身份证

中文名 红胁蓝尾鸲

- -

学　　名 *Tarsiger cyanurus*　　　　**雀形目 鹟科**
保护级别 三有
居留类型 冬候鸟
出现时间 十一月至次年三四月

**bird
card.**

东滩常见区域

在东滩保护区可见于林带。

食性

杂食性，主要以天牛、甲虫等林业害虫为食。
当昆虫食物不足时，以果实和种子充饥。

习性

单独或以小群的形式活动，喜欢在树冠层飞翔和
觅食。

雄鸟眉纹白色

上体蓝色

幼鸟：与成鸟在外观
上相似，但色彩可能
较为暗淡

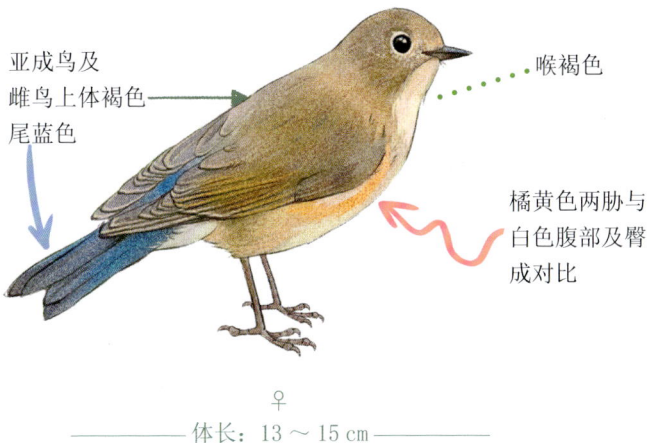

♂

亚成鸟及
雌鸟上体褐色
尾蓝色

喉褐色

橘黄色两胁与
白色腹部及臀
成对比

♀

体长：13～15 cm

鸟类身份证

中文名 北红尾鸲

学　名 *Phoenicurus auroreus*　　雀形目 鹟科

保护级别 三有

居留类型 冬候鸟

出现时间 九月至次年四月

bird
card.

东滩常见区域

在东滩保护区常见于林带。

食性

以昆虫为食，也会食用植物种子。

习性

性胆怯，行动敏捷，单独或成对活动。
常立在突出的枝条上，尾上下颤动和点头。

头部灰褐色

翼有白斑

中央尾羽黑褐色

♀

雄成鸟头顶至枕部银灰色

背及翼黑色，
白色块状翼斑明显

颊及喉黑色

中央尾羽黑褐色，
其余尾羽棕红色

胸腹及尾上覆
羽橙黄色

♂

体长：14～15 cm

鸟类身份证

中文名 麻雀

- - - - - - - - - - - - - - - - - - -
学　名 *Passer montanus*　　　　**雀形目 雀科**
保护级别 三有
居留类型 留鸟
出现时间 全年

bird
card.

东滩常见区域

在东滩保护区全域常见。

食性

杂食性。

习性

集群活动，在地面和灌丛觅食。

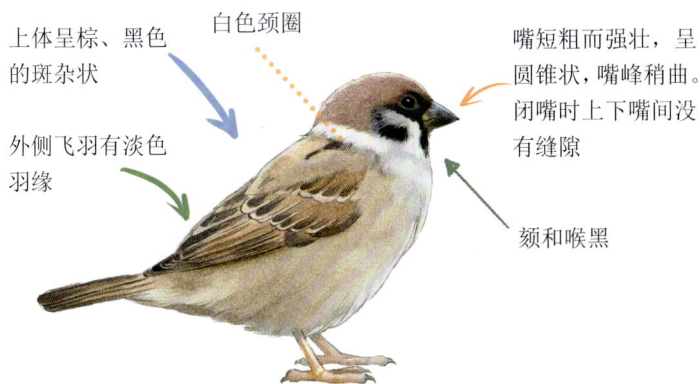

上体呈棕、黑色的斑杂状

白色颈圈

嘴短粗而强壮，呈圆锥状，嘴峰稍曲。闭嘴时上下嘴间没有缝隙

外侧飞羽有淡色羽缘

颏和喉黑

ad. br.

——体长：12～14 cm——

鸟类身份证

中 文 名 黄鹡鸰

学　　名 *Motacilla tschutschensis* 雀形**目** 鹡鸰**科**
保护级别 三有
居留类型 旅鸟／冬候鸟
出现时间 九月至次年五月

**bird
card**

东滩常见区域

在东滩保护区可见于水边泥地。

食性

主要以昆虫为食，多在地上捕食，如蚁、蚋、浮尘子等昆虫。

习性

常成对或小群活动，迁徙季节成大群。
繁殖期5—7月。

亚种 1

亚种 2

头、后颈、枕部：蓝灰色，
细长、黄白眉纹
上体：灰褐绿色

胸、腹：鲜黄色

♀

头顶蓝灰色或暗色

上体橄榄绿色或灰
色，具白色、黄色
或黄白色眉纹

飞羽黑褐色，具两
道白色或黄白色的
横斑

脚：黑色、纤弱

♂

—— 体长：16 ～ 18 cm ——

鸟类身份证

中文名 灰鹡鸰

学　名 *Motacilla cinerea*　　　雀形**目**　鹡鸰**科**

保护级别 三有

居留类型 留鸟

出现时间 全年

bird
card.

东滩常见区域

在东滩保护区可见于水边泥地。

食性

主要以昆虫为食，如石蚕、蝇、甲虫、蚂蚁、蝗虫、蝼蛄、蚱蜢、蜂、蟑象等。

习性

单独或成对活动，
繁殖期5—7月营巢于河流两岸。

头、上体：灰色

雌鸟似雄鸟，
雌鸟眉纹淡，黄色浅。
雌鸟繁殖期喉及额白色

喉及额黑色

飞羽：黑褐色

下体：黄色

脚：肉色

ad. br. ♂

体型：小型鸣禽

雄鸟非繁殖羽
喉及额白色

nonbr.

——— 体长：17～20 cm ———

鸟类身份证

中文名 白鹡鸰

学 名 *Motacilla alba*

雀形目 鹡鸰科

保护级别 三有
居留类型 留鸟
出现时间 全年

bird card

东滩常见区域

在东滩保护区常见于水边泥地。

食性

主要以昆虫为食，偶尔也吃植物种子、浆果等。

习性

单独或3～5只小群活动，多栖于地上或岩石上。繁殖期4—7月。

头、后颈、枕部：黑色

上体黑色或蓝黑色

下体白色

♂

两翼和尾部：
黑白相间

脚：黑色

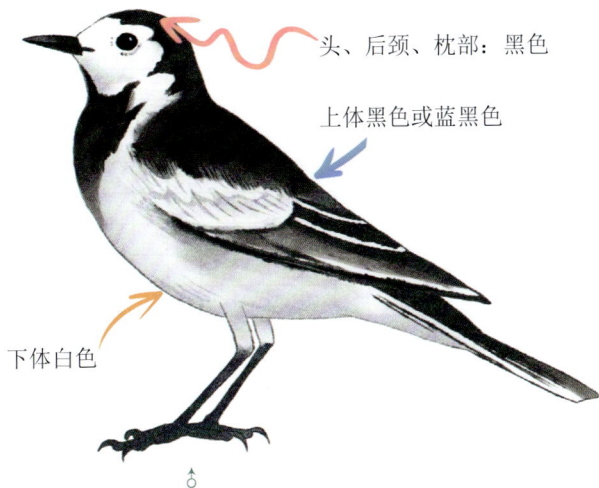

♀亚种（leucopsis）

———— 体长：16～18 cm ————

鸟类身份证

中 文 名 燕雀

- -

学　　名 *Fringilla montifringilla*　雀形**目** 燕雀**科**
保护级别 三有
居留类型 旅鸟 / 冬候鸟
出现时间 十月至次年五月

**bird
card**

东滩常见区域

在东滩保护区常见于林带和芦苇带。

食性

主要以植物性食物为主，如杂草种子。
繁殖期以昆虫为食。

习性

非繁殖期集群活动，在树上栖息觅食，
成大群飞到地面。

嘴粗壮而尖，呈圆锥状

雌鸟体色较浅，上体褐色而具有黑色斑点

体型：粗胖

♀

头部黑色，胸、肩浅棕色

雄鸟从头至背辉黑色，背具黄褐色羽缘

两翅和尾黑色，翅上具白斑

颏、喉、胸橙黄色
腹至尾下覆羽白色

♂

—— 体长：13～16 cm ——

鸟类身份证

中 文 名 黑尾蜡嘴雀

学　　名 *Eophona migratoria*

保护级别 三有

居留类型 旅鸟 / 冬候鸟

出现时间 全年

雀形**目** 燕雀**科**

bird card

东滩常见区域

在东滩保护区常见于林带。

食性

喜食植物种子、嫩叶、嫩芽，亦捕食昆虫。

习性

繁殖期不集群，非繁殖期会集小群。

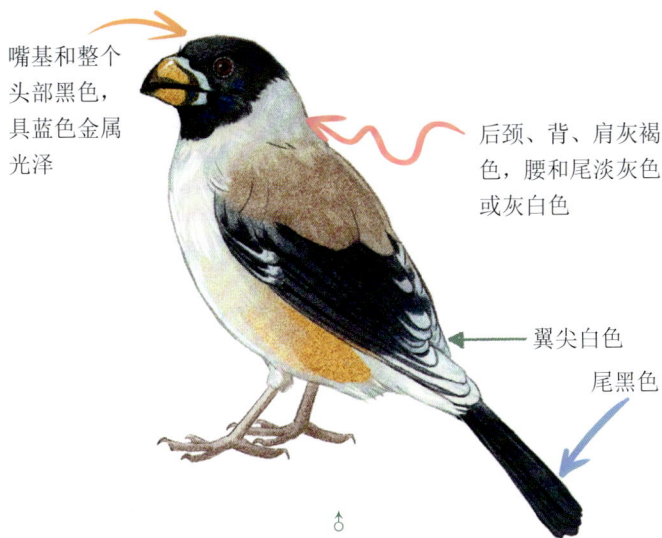

头灰褐色

繁殖期
喙黑色明显

♀

嘴基和整个
头部黑色，
具蓝色金属
光泽

后颈、背、肩灰褐
色，腰和尾淡灰色
或灰白色

翼尖白色

尾黑色

♂

—— 体长：15～18 cm ——

鸟类身份证

中文名 金翅雀

学　名 *Chloris sinica*

保护级别 三有
居留类型 留鸟
出现时间 全年

雀形**目** 燕雀**科**

bird card.

东滩常见区域

在东滩保护区常见于林带。

食性

喜食草籽、农作物等。

习性

秋冬季节集群生活，鸣叫短促明亮。

喙：粉色

羽色较浅，多褐色

幼鸟似雌鸟，背、腹有暗色纵纹

juv.

♀

头顶暗灰色

背栗褐色具暗色羽干纹

嘴细直而尖，基部粗厚

腰金黄色，尾下覆羽和尾基金黄色，翅上翅下都有一块大的金黄色块斑

♂

体长：12～14 cm

鸟类身份证

中文名 芦鹀

学 名 *Emberiza schoeniclus*   雀形**目** 鹀**科**

保护级别 三有
居留类型 冬候鸟
出现时间 十一月至次年五月

bird card.

东滩常见区域

在东滩保护区常见于芦苇带和灌丛。

食性

喜食草籽、果实以及各种昆虫。

习性

集群活动，常跳跃、飞翔于灌丛。

雌鸟有眉纹，
前颊白色

上嘴形直而非凸形

腰灰褐色

尾较长

♀

前颊黑

颊纹白色

头部黑褐色
颈环白色

冬羽

腰和尾均为灰色

♂

体长：15～17 cm

鸟类身份证

中文名 苇鹀

学 名 *Emberiza pallasi*

保护级别 三有

居留类型 冬候鸟

出现时间 十月至次年五月

雀形**目** 鹀**科**

bird
card

东滩常见区域

在东滩保护区常见于芦苇带和灌丛。

食性

喜食芦苇种子、谷物，越冬昆虫、虫卵。

习性

常抓握苇杆横立张望。

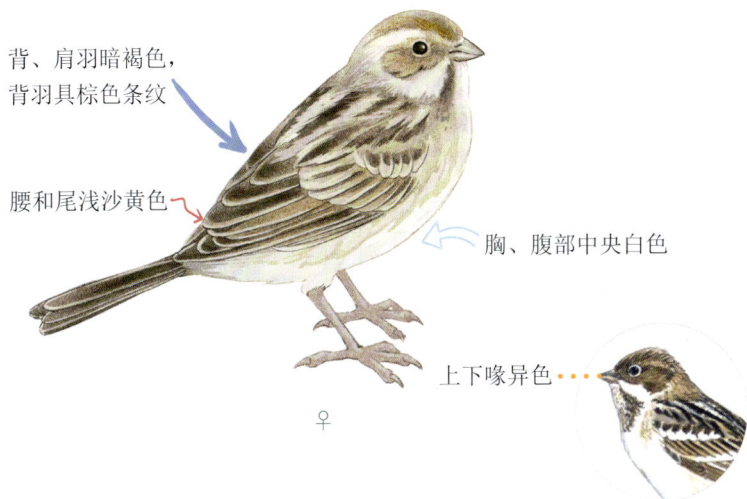

背、肩羽暗褐色，
背羽具棕色条纹

腰和尾浅沙黄色

胸、腹部中央白色

上下喙异色

♀

冬羽

雄性成鸟（繁殖羽）：
头顶、颊和耳羽均为黑色，
后颈形成白色颈圈

额、喉和
上胸中央
黑色

翼黑褐色，尾黑褐色，
且具褐白色羽缘

下体余部
白色

♂

—— 体长：13～15 cm ——

鸟类身份证

中文名 灰头鹀

学 名 *Emberiza spodocephala* 雀形**目** 鹀**科**
保护级别 三有
居留类型 旅鸟 / 冬候鸟
出现时间 十月至次年五月

bird card.

东滩常见区域

在东滩保护区常见于芦苇带和灌丛。

食性

早春和晚秋食草籽、果实、谷物，夏季繁殖期食昆虫。

习性

地面行走觅食。

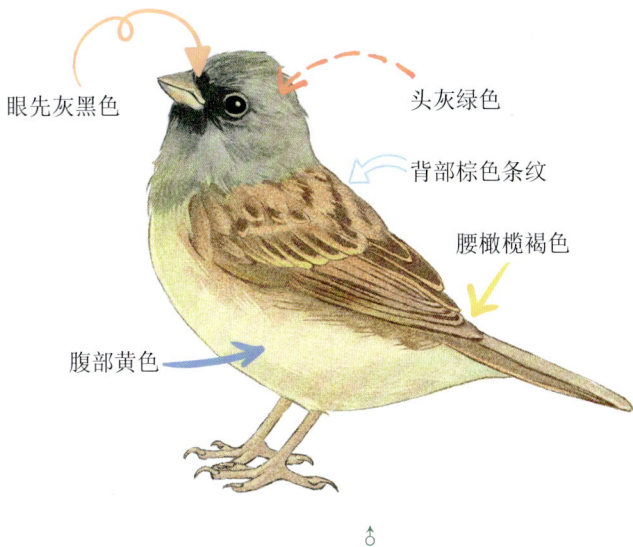

头部斑纹偏黄

喉至腹部黄色

♀

眼先灰黑色

头灰绿色

背部棕色条纹

腰橄榄褐色

腹部黄色

♂

体长：14～16 cm

[第四部分]

鸟瞰东滩

第四部分
鸟瞰东滩

上海崇明东滩鸟类国家级自然保护区占地面积为 241.55 平方千米，位于崇明岛东侧，长江汇入东海、黄海的入海口。下图为东滩保护区生境地图，请你借助手机的 GPS 软件，尝试在图上标识出你看到的鸟类出现的位置。

参考文献

[1] 华东自然博物联盟. 上海水鸟观察入门指南 [M].2 版. 内刊, 2022.

[2] 华东自然博物联盟. 上海林鸟观察入门指南 [M].2 版. 内刊, 2021.

[3] 中国鸟类分类与分布名录 [M].4 版. 北京：科学出版社，2020.

[4] 冯育青，等。苏州野外观鸟手册 [M]. 北京：中国林业出版社，2019.

[5] 陆穗军，等. 野外观鸟基础入门 [M]. 广州：广东科技出版社，2018.

[6] 马敬能. 中国鸟类野外手册（新编版）[M]. 上下册. 北京：商务印书馆，2017.

[7] 宋娴. 湿地观鸟 [M]. 长沙：湖南科学技术出版社，2016.

[8] 上海市崇明东滩自然保护区管理事务中心，魅力东滩：崇明东滩国际重要湿地 [M]. 上海：上海科学技术出版社，2015.

[9] 段文科,张正旺. 中国鸟类观察手册 [M]. 北京：中国林业出版社，2020.

[10] 郑光美，等. 中国鸟类图志 [M]. 北京：科学出版社，2019.

[11] 林文宏，等. 台湾野鸟图鉴 [M]. 台北：亚舍图书有限公司，2015.

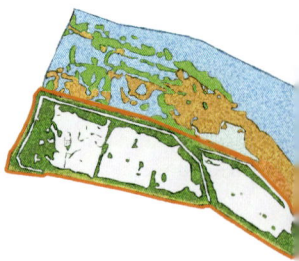

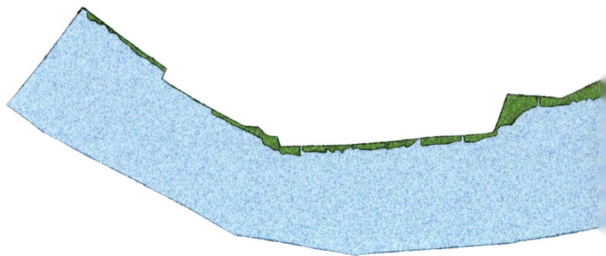

光滩及水域

生态修复区

N

0   2.5   5   10 千米